面白くて眠れなくなる遺伝子

竹内　薫／丸山篤史

PHP文庫

○本表紙図柄＝ロゼッタ・ストーン（大英博物館蔵）
○本表紙デザイン＋紋章＝上田晃郷

はじめに

唐突ですが、あなたはさくらんぼの柄を口の中で結ぶことが、できますか？

いったい何の話だ？ とお思いかもしれません。これから簡単なテストを行いますので、まずは以下の動きができるかどうかを試してみてください。

A　舌先を巻く（舌の先を丸めて、舌の真ん中に触れる感じです）
B　舌をストローのように丸める（前から見たらUやVの字に見えます）
C　舌を斜めに傾ける（もちろん正面から見ての話です）
D　舌の先をWの字のように曲げる（あるいは三つ葉みたいにも見えます）

いかがでしょうか。四つ全てができる人は、そうそういないと思います。

特にAの動きができる人はBができず、逆にBの動きができる人はAができないことが多いようです。Cの動きも左右のどちらかに傾けることはできるけれど、両方向の動きとなると違和感を覚える人がいるそうです。Dができる人はとても器用です。

ゴードン・エドリンの『ヒトの遺伝学』によれば、舌の横筋を制御するタンパク質を作る遺伝子があるそうですが、これには異論もあります。例えば前述の舌の動きは、両親にはできなくても子供にはできたり、一卵性の双子でも二人が同じようにはできなかったり、という例もあるからです。そして、冒頭のさくらんぼの柄を口の中で結ぶことも、練習によってある程度はできるようになるのです（ただし、個人差があることは確かなようです）。

つまり、「遺伝」といっても、一〇〇パーセント決まったものではなくて、運動のようなものの場合は、ある程度、後から変えることもできるということです。

読者の皆さんは、「遺伝」という生命の持つ仕組みについて、漠然と「生まれつき決まっている能力である」と思っているのではないでしょうか。しかし、舌を動かすという簡単な例でも一筋縄ではいかないのです。もちろん、「足の親指が人差し指より長いか・短いか」のように練習や努力では、変えられない遺伝もあります。

現在、分子生物学や生命科学、バイオテクノロジーなど、遺伝に関わる分野では物凄いスピードで研究が進んでいます。近年では、「iPS細胞（人工多能性幹細胞）」を作成した現・京都大学iPS細胞研究所所長の山中伸弥教授がノーベル生理学・医学賞を受賞した影響もあり、遺伝子関連の最新の研究成果がニュースで流れることも珍しくありません。

しかし、正直に言って「ニュースで何を説明しているのかよく分からない……」という方も多いのではないでしょうか。

そこで、本書では最新の研究成果まで含めた遺伝にまつわる様々な話を、分かりやすく、また読み物として楽しめるように紹介することにしました。

もちろん、今さら人に聞けないような初歩的なトピックにも言及しています。本書を読めば、ニュースで耳にした「あの研究が何をしているのか？」「その研究の何が新しくて、何が面白いのか？」が、分かるようになるはずです。

とはいえ、堅苦しい教科書のような本ではありません。まずは、興味をお持ちの箇所から読んでいただければと思います。

それでは、遺伝子の世界へようこそ！

竹内 薫・丸山篤史

面白くて眠れなくなる遺伝子

目次

Part I 面白くて眠れなくなる遺伝子

Part Ⅱ

スリリングな遺伝子のはなし

Part Ⅲ

「遺伝学」とDNAをめぐる冒険

本文デザイン&イラスト　宇田川由美子

Part I

面白くて眠れなくなる遺伝子

面白い名前の遺伝子たち

iPS細胞の語源

世間のイメージからすると、研究者というのは、真面目一辺倒で冗談も通じないように思われている節があります。しかし、多くの研究者も、皆さんと変わりません。むしろ、ジョークの好きな研究者が多いような気もします。

そもそも独創的な研究は頭が固いとできませんし、自分たちの研究成果を面白おかしく伝えたいという欲求は、人一倍です（もちろん内容は真面目です）。そういう意味で、近年で一番の成功例は、京都大学の山中伸弥教授が開発した「iPS細胞」でしょう。わざわざ語頭を小文字にしたのは、山中教授が命名の際、アップルの製品「iPod」にあやかった、というのは有名な話です。

本項では遺伝子の名前に注目してみます。どのように名前を付けるかは、基本的に自由で、発見した研究者に命名権があります。ただデタラメに付けて良いわけではなく（公序良俗に反しない、とか）、基本的なルール（命名法）はあります。

しかし共通のルールと言えるのは、数字とローマ字を使うことぐらいかもしれません（ただし数字は先頭にしません）。ちなみに、文字数は短いほうが推奨されますが例外も多いです。

例を挙げて説明しましょう。よく使われるのが、機能の説明になる英語つづりのイニシャル（頭文字）を並べたものです。八八頁で紹介する乳がんに関係するヒトの遺伝子 *BRCA1* は、「breast cancer susceptibility gene I（乳がん感受性遺伝子I）」から名付けられています。

マウスの遺伝子は、語頭を大文字、残りを小文字にして斜体にするので、同じ遺伝子を研究するときは *Brca1* になります。タンパク質の名前は、遺伝子名と同じアルファベットの大文字を立体にして表すことが多いです。ヒトの遺伝子 *BRCA1* も、マウスの遺伝子 *Brca1* も、発現したタンパク質の名前は BRCA1 になります。

一般の読者は全く憶（おぼ）える必要は無いのですが、厳密には、動物種毎（ごと）に細かくルールの違いがあります。しかし例外も多いので、その都度、確認するしかありません。ここから先は、少しばかり遊び心の感じられる遺伝子名を幾つか紹介します。

最近は研究も細分化されていますから、自分の研究内容を直観的に分かりやすく伝える努力も、研究者には大事なのです（というのが建前です）。

さて、読者の中にもマンガや映画が好きな人がいると思います。もちろん研究者も、プライベートでは仕事を忘れて、エンタメ作品を楽しみます。まずは、そうした一般読者にも馴染（なじ）みのある名前の遺伝子から紹介しましょう。

サウザー遺伝子（*Myo31DF* *souther*）

人気マンガ『北斗の拳』に、サウザーという敵役が出てきます。主人公のケンシロウが一度は敗れ去った、数少ないキャラクターです。サウザーが勝てたのは、彼の臓器が鏡に映したように左右逆転していたからです（内臓逆位といいます）。ケンシロウの「北斗神拳」は身体構造を利用した攻撃なので、通常とは違う構造のサウザーには通用しなかった、というカラクリでした（最後は見破られましたが）。というわけで、サウザー遺伝子は、内臓逆位に関係する遺伝子です（ショウジョウバエの突然変異体から見つかりました）。現・大阪大学大学院の松野健治教授が、東京理科大学での助教授時代に発見しました。より正確に言うと、ショウジョウバエの腸は「らせん状」なのですが、その渦の回転が通常と逆向きだったのです。

成長の過程で身体の左右をコントロールする遺伝子は、他にも見つかっています。マウスでは、*Lefty*（左利き）といって受精後八・五日で、左側にだけ発現する遺伝子が見つかっていますし、ゼブラフィッシュという魚では、左体側だけで発現するサウスポー遺伝子が見つかっています。前後左右上下といった、身体の形（組織の位置）を決めるメカニズムについては、まだまだ研究の途上です。

ヨーダ遺伝子（*YODA*）

マンガの次は、映画の登場人物に由来する命名を紹介しましょう。名前を見て、ピンと来ない人は、映画好きとは言えませんよね。そう、世界的に有名なSF映画『スター・ウォーズ』に出てくるジェダイ・マスターの、ヨーダです。

ヨーダ遺伝子は、シロイヌナズナという植物の突然変異体から見つかりました。シロイヌナズナは、ゲノム解読が終わっている、メジャーな実験生物の一つです。

ヨーダ遺伝子が変異すると、シロイヌナズナがフォース（一種の超能力・超感覚）を発揮する……わけではありません。

当然、ライトセーバー（光エネルギーの剣）も振り回しません。ヨーダは、見た目は小さな、緑色のお爺さんっぽいキャラクターです。ヨーダ遺伝子の変異体も、野生型（形質が変異していない個体のこと）に比べて、極端に背が低く、葉も広がらずに小さくまとまっています。見た目から名付けたということですね。

ピカチュリン遺伝子（*Pikachurin*）

こちらの遺伝子は、ポケモンのキャラクターから名付けられました。ピカチュリンは、もちろん電撃を発するためのタンパク質ではありません。眼の網膜で、神経回路が作られるときに働きます。ピカチュリン遺伝子が変異すると動体視力に影響し、動くものが上手く見えなくなります。

なるほど、素早く動くピカチュウは、ピカチュリン（タンパク質）が正常に働いているはずですね。もちろんピカチュウの眼が、私たちと同じ仕組みなら、ですが。

ソニック・ヘッジホッグ遺伝子（*Sonic hedgehog, SHH*）

ソニック・ヘッジホッグは、ビデオゲームに出てくるキャラクターで、擬人化された青色のハリネズミ（ヘッジホッグ）です。音速で動ける特徴が「ソニック」の由来だそうです。元々は、ショウジョウバエの突然変異体から、ヘッジホッグ遺伝子と名付けられたファミリー（類似した遺伝子グループのこと）が見つかっていました。

この変異体は、孵化（ふか）したとき全身が針だらけ（まさにハリネズミ）だったのです。生物は、種を超えて似たタンパク質（遺伝子）を使うことが、ときどきあります。ヘッジホッグも、そうしたタンパク質の一つで、哺乳類では三種類が見つかっています。ファミリーには通し番号を付ければ良いのですが、ヘッジホッグの研究者は、面白がって、実在の種から名前を付けました。

一つ目はデザート・ヘッジホッグ（砂漠にすむ）、二つ目はインディアン・ヘッジホッグ（インド原産）、三つ目は、若い大学院生が見つけたので、そのとき夢中だったゲームからソニック・ヘッジホッグと名付けたのでした。

ちなみにヒトの全身にもソニック・ヘッジホッグ遺伝子は発現しています。まだ全ての機能は分かっていませんが、身体の形を作ることに関係していると考えられていて、多指症の原因になることは知られています。

サトリ遺伝子（*satori*）

サトリと聞いて、皆さんは何を思い浮かべますか？　妖怪のサトリを想像した読者は、いるでしょうか。この遺伝子は「ヒトの心を読む」能力に関係するのです……と言いたいところですが、残念ながら違います。

漢字にすると「悟り」で、ショウジョウバエで見つかった突然変異です。サトリ遺伝子の変異は、オスのショウジョウバエの性行動に影響します。何と求愛行動をせず、メスに反応しないのです。まるで世俗を断って修行に勤しむ僧侶のようです。そこで、この変異体は「サトリ」と名付けられました。

しかし、よく調べてみると、何とサトリはオスを追いかけていました。悟っていたわけではなく、同性愛だったのでしょうか。

サトリがオスに求愛する原因を詳しく調べると、脳がメス化していました（ハエの脳は、雌雄の違いが明確にあります）。

どうやらサトリは、身体はオスでも心はメス、いわゆる性別違和（性同一性障害、GID）だったようです。ただし、ハエとヒトでは全く脳の構造が違いますし、そもそもヒトの行動は、一つの遺伝子が変異しただけで劇的に変わるほど単純ではありません。少なくとも、現時点で、遺伝子の変異を安易にヒトと結びつけて考えるべきではないですね。

寿司遺伝子（*Bp1689*）

正確には、この遺伝子は記号のみで、研究者が名前を付けているわけではないのですが、科学雑誌「ネイチャー」の記事で取り上げていたので（二〇一〇年四月八日号）、本書でも紹介してみます。

私たちが食べ物を栄養にできるのは、消化酵素（タンパク質）を分泌するからです。消化酵素は、特定の物質に限って分解できます。例えばデンプンをマルトースに分解する消化酵素はアミラーゼです。私たちが消化酵素を持たない物質（食物繊維など）は、胃腸を素通りします。しかし、腸内細菌が消化酵素を持っていた場合は、分解物を栄養にできます。以上を基礎知識にして、続きを読んでください。

実は、欧米人の腸内細菌には、ある種の海藻を栄養にするための消化酵素（Bp1689タンパク質）がありません。と言いますか、その*Bp1689*遺伝子は、日本人の腸内細菌にしかないようです。

◆消化酵素について

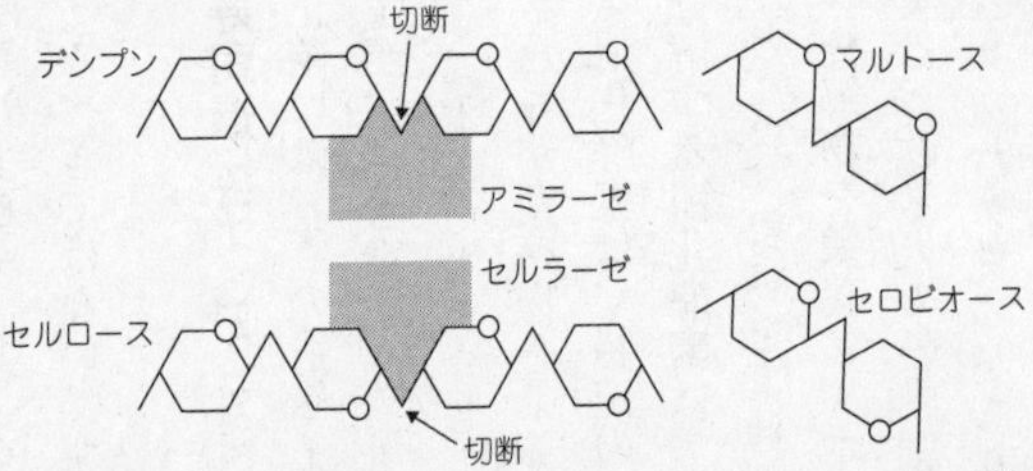

消化酵素（タンパク質）は、立体構造で分子を認識し、自分に特有の分子だけを分解する。例えばヒトはセルラーゼを持たないので、直接的にセルロース（食物繊維の仲間）を栄養にできない。※図中の酵素の形はイメージ

より正確に言うと、海洋微生物は、海藻を分解して栄養にするために、その遺伝子を持っています。日本人の腸内細菌にだけある理由として考えられることは、私たちの食生活です。

つまり寿司を代表とする海産物の生食文化によって、日本人は*Bp1689*遺伝子を持つ海洋微生物を食べていたため、腸内細菌と海洋微生物という異なる種の間で遺伝子組換え（一五四頁）が自然に起きたようなのです（ビックリですね）。それで、寿司遺伝子という紹介がされました。

自然に起きた遺伝子組換えのおかげで、日本人は海藻を栄養にできるわけです。逆に言うと、欧米人にとって、海藻はゼロカロリー

食品です。さて、ダイエット的には、どっちが良かったのでしょうね。

sushi-ichi レトロトランスポゾン

最後に、寿司ネタをもう一つ。トランスポゾンは染色体の上を移動する遺伝子で、ウイルス感染の名残とも言われます。この遺伝子は、*sushi* と名付けられており、硬骨魚類のフグから見つかったものです。「寿司1」から「寿司3」まであるようです。ニュージーランドの科学者が発見したそうなのですが、和食好きだったのでしょうか。この遺伝子の機能は、寿司とは全く関係ありません。

実は、哺乳類が胎盤を作ることができたのは、トランスポゾンに持ち込まれた遺伝子のおかげだという話があります。例えば、この *sushi-ichi* レトロトランスポゾンに由来すると考えられている *Peg10*（paternally expressed gene 10）遺伝子が変異すると、哺乳類のメスは胎盤を作れなくなってしまいます。

すでに *Peg10* は、染色体上を移動する能力を失っているので、そう簡単に遺伝子が壊れる心配はありません。しかし、元は危険なウイルスだったものが、今や、私たちに無くてはならない存在だとは、生命というのは何とも不思議なものです。

長寿遺伝子があるって本当⁉

不老長寿は可能か？

不老長寿は、人類最後の夢とも言いますが、永遠の命は無理にしても、健康で長生きできるに越したことはないでしょう。色んな健康法や健康食品が出回っていますが、ほとんどは眉唾（まゆつば）であることが多いようです。

とりわけ、様々なテレビ番組で取り上げられたこともあって、世間では「サーチュインという遺伝子を働かせれば長生きできるらしい」と、信じている人がいます。

しかし、それは誤解です。サーチュインとは、そもそもタンパク質の名前です。そしてサーチュイン・タンパク質を作る遺伝子には、*Sir2*（ミミズやハエ）や*SIRT1*（哺乳類）と名前が付いています。

まず、サルを使った実験によって、カロリーを制限することが寿命を延ばす、ということが確認されました。これは事実です。俗に言う、腹八分どころか、腹七分にカロリーを減らすのが長生きの秘訣(ひけつ)というお話の根拠です。

しかし、このサルの実験には、重要なポイントが二つあります。

一つは、生後すぐにカロリー制限を始めていることです。つまり、この実験は「大人になってからカロリー制限して、寿命が延びること」の証明にはなりません。

もう一つは、必要な栄養素は減らしていないことです。要するに、単純に「食事の量を三割減らした」わけではないのです。実験では、栄養学的にキチンと計算された栄養素を基準にして、そこからカロリーだけを三割減らしているのです。ビタミン、ミネラル、必須アミノ酸、必須脂肪酸などは不足すると病気になってしまいます。

そもそも、小食の人もいれば、大食いの人もいます。一律に三割減らすというのも乱暴な話なのです。証明されてもいない仮説を真(ま)に受けたお年寄りが、逆に栄養失調で健康を害するなんて笑えない話も耳にします。

本書の読者は、安易に「普段の食事から三割減らせば長生きできる」などと考えないでくださいね。本当に危険ですから。

生まれてすぐから始めないと……とはいえ、なぜカロリー制限で長生きできるのでしょうか。このときサーチュイン（タンパク質）が重要な働きをすると考えたのが、レオナード・ガランテでした。ガランテの研究によって「カロリー制限をするとサーチュインが働くらしい。つまりサーチュインが老化を防ぐかもしれない！」と注目を浴びたのです。

しかし、ガランテの研究は、別の研究者の詳細な実験結果から否定されました（二〇一一年）。ちなみに、これはガランテの捏造ではありません。ガランテの実験方法や結果の解釈が、完全ではなかったのです。もう少し丁寧に説明すると、ガランテの実験によって「寿命が延びたこと」と「サーチュインが増えたこと」は事実なのですが、別の実験で「サーチュインが増えないようにしても寿命が延びた」のです。つまりサーチュインと寿命の延びは関係が無かったことになります。

その後、ガランテは、サーチュインが「脂っこい料理の食べすぎ」や「老化による代謝の衰え」をカバーするために働いているのかもしれないという実験結果を示しています。こうした機能は健康にとって大切なはずですが、逆に「寿命を延ばす」ことにつながっていないのは不思議です。

言ってみれば、生命の仕組みは、何かタンパク質を一つ動かしたくらいで寿命が延びるような、単純なモノではないということです。

話を混乱させることになったのは、この長寿とサーチュインの関係に、レスベラトロールという物質が割り込んできたことでした。レスベラトロールはサーチュインを増やす、というのです。レスベラトロールは、赤ワインに含まれるポリフェノールです。ポリフェノールは化学物質の分類名で、色んなものに含まれています（お茶や果物などが有名ですね）。アイドルに譬えるなら、レスベラトロールは個人名で、ポリフェノールはＡＫＢ48やハロプロのようなグループ名ですね。

サーチュインの真相

ここで、話を整理します。

まず、カロリー制限をすると（手段）、サーチュイン・タンパク質を作る遺伝子が働いて（メカニズム）、長寿になる（結果）、と言われていました。しかし、カロリー制限は大変です。そこに「レスベラトロールが *Sir2*（ミミズやハエのサーチュインを作る遺伝子）を動かすらしい」という実験結果が発表されました。

つまり、辛いカロリー制限をしなくても、レスベラトロールが長寿の「手段」に

◆サーチュイン・タンパク質周辺の事実関係

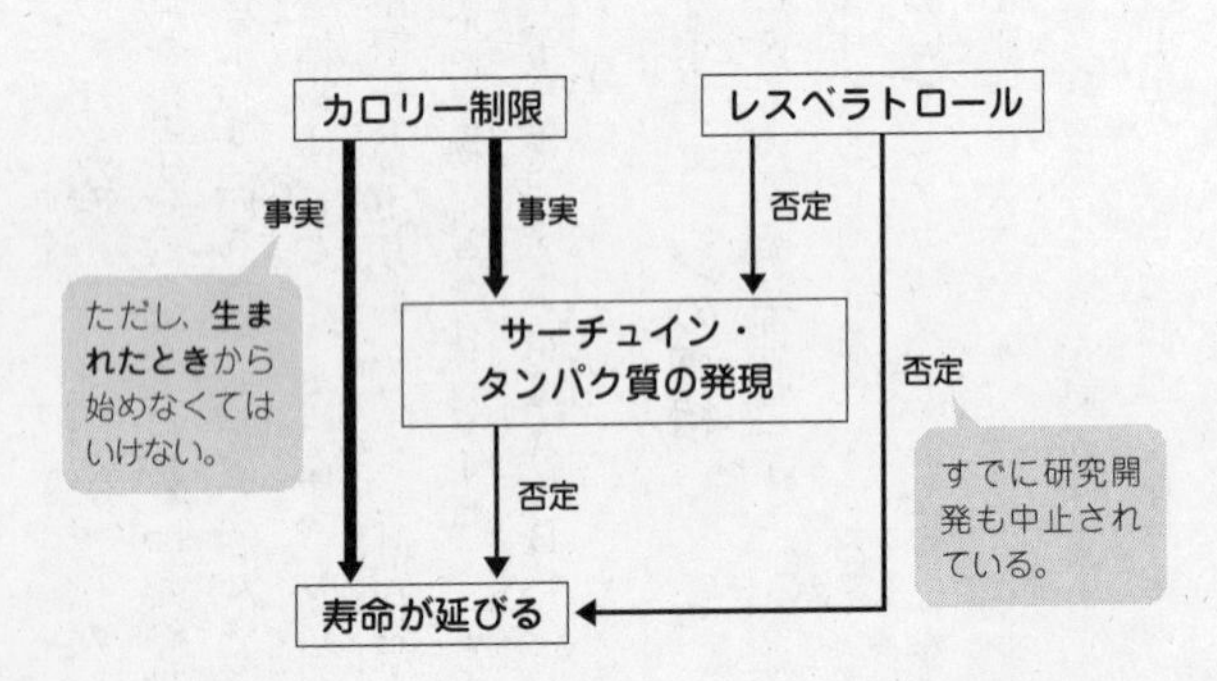

なるというのです。ですが、先に説明したように、サーチュインは、寿命を延ばすことと関係ありませんでした。そもそものメカニズムが否定されたわけです。

しかし、サーチュインとは別のメカニズムで、レスベラトロールが長寿をもたらしても良いかもしれません。ところが、残念ながら、二〇一四年の五月、レスベラトロールは健康増進効果や長寿と関係ないという研究が報告されました。

しかも、ガランテの研究結果が否定される前（二〇一〇年）には、レスベラトロールを研究していた製薬会社も臨床研究を止めています（一部の治験で安全性に問題があったようです）。今では、基礎研究を行う部門も閉鎖されたようです。

以上をまとめます。「大人になってからのカロリー制限」や「レスベラトロールの摂取」は、長寿を約束するものではありません。したがって、長寿に効果がある根拠として、サーチュインを引用する健康食品は「情報が古い」のです。

もちろん、健康食品やサプリが、嗜好品のように愛用されることまでは否定しません（病は気から、と言いますし）。しかし治療薬や予防薬とは違って、科学的な根拠の無いものです。少なくとも、積極的にはオススメしません。

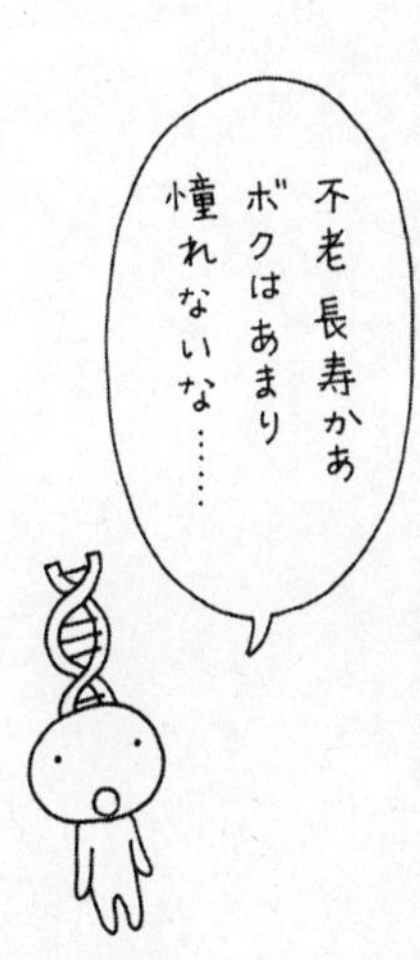

猫とクローン動物

猫の毛色はどのように決まる？

「猫と遺伝子」と聞けば、三毛猫の話を思い出す読者もおられるでしょう。そう、三毛猫のオスは、とても珍しいのですよね。猫好きの間では、結構有名だと思います。

しかし、なぜ珍しいのか、その理由まで全て知っている人は、意外と少ないかもしれません。せっかくなので、三毛猫誕生のメカニズムと三毛猫のオスが珍しい理由を、少し丁寧に説明してみましょう。

最も一般的な三毛猫は、短毛種の日本猫で、白地に黒と茶の毛色が斑（まだら）になっていることが多いです。正確には白地ではなく、黒と茶の地色に、白の斑なのですが。黒の代わりに焦げ茶になっている三毛猫もいて、キジ三毛と呼ばれます。

実は、猫の毛色を決める遺伝子は九種類あります。話を簡単にするため、ここでは、白斑の遺伝子（S／s）と、茶毛の遺伝子（O／o）、黒毛の遺伝子（B／b／b^{-}）の三つの関係に説明を絞ります。記号の意味ですが、アルファベットの大文字は顕性（けんせい）遺伝子で、小文字は潜性（せんせい）遺伝子です。ちなみに「顕性／潜性」は、かつて「優性／劣性」と称されていました。ただ、「優性／劣性」は、遺伝形質の良し悪しに勘違いされやすく、本来の「遺伝子が発現しやすい／しにくい」という意味を分かりやすくするために、日本遺伝学会が表現の変更を決定しました（二〇一七年九月）。さらに、関連学会と文部科学省に対して、教科書の記述の変更を要望していることから、本書でも、それに倣（なら）いたいと思います。

Bは Black、Sは Spotting の頭文字です。なぜ、茶色がOなの？　と思う読者もおられるでしょう。実は、あの色を茶色と表現するのは日本人だからで、海外では橙（だいだい）色、つまりOは Orange の頭文字なのです（おそらく色の明度・彩度の関係でしょう）。

三つの遺伝子の中で、最も影響力の大きな遺伝子は、白斑です。顕性ホモ（SS：同じ因子の組み合わせ）かヘテロ（Ss：異なる因子の組み合わせ）だと、他の遺伝子が何であれ、毛並みに白斑が生じます。潜性ホモ（ss）の場合は、白斑は入

◆三毛猫の体毛１本における遺伝子発現

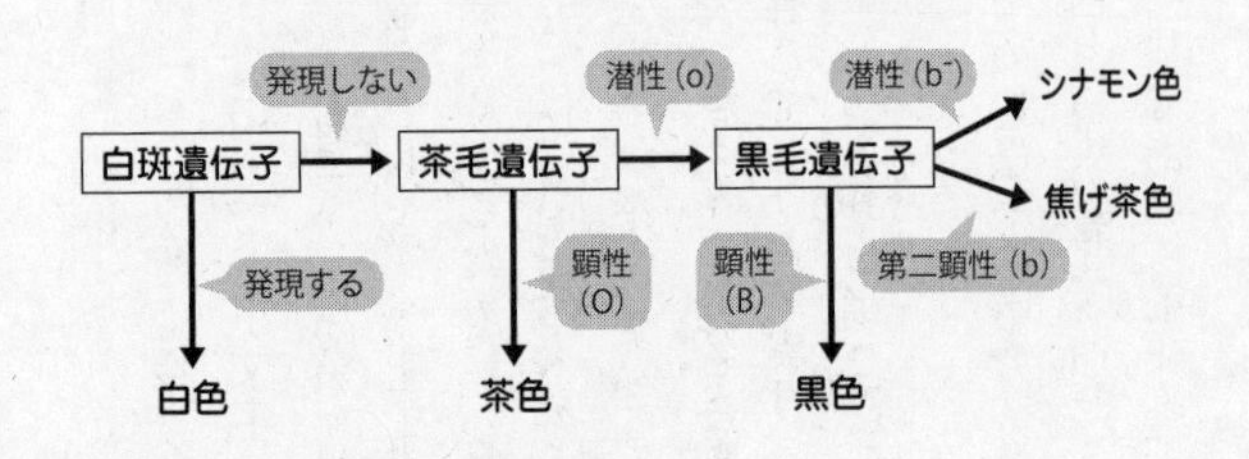

※白斑遺伝子の発現と、茶毛遺伝子の顕性・潜性は、
発生初期ランダムに決定する。

りません。ちなみに、ＳＳの白斑は、Ｓｓよりも大きく広がります。このように、アレル（かっては対立遺伝子といいました）がヘテロのときに中間的な形質を発現することを「不完全顕性」といいます（二〇二頁）。

次に影響が大きいのは茶毛遺伝子で、顕性ホモ（ＯＯ）の場合、毛並みは茶色になり、潜性ホモ（ｏｏ）の場合、他の遺伝子で色が決まります。茶毛遺伝子がヘテロの場合は、少しややこしいので、説明を後回しにします。

黒毛のアレルは、三種類あります。顕性遺伝子のＢ（黒色）、第二顕性遺伝子のｂ（焦げ茶色）、潜性遺伝子のｂ⁻（明るい茶色・シナモン色）です。白斑遺伝子と茶毛遺伝子の両方が潜性ホモのとき（ｓｓでｏｏのとき）、黒毛の顕性ホモ（ＢＢ）および顕性と第二顕性のヘテロ（Ｂｂ）あるいは潜性とのヘテロ（Ｂb^{-}）は全身が真っ黒になります。第二顕性ホモ（ｂｂ）および第二顕性と潜性のヘテロ（ｂb^{-}）は焦げ茶色、潜性ホモ（$b^{-}b^{-}$）はシナモン色になります。

オスの三毛猫がいない理由

ここからが、三毛猫の生まれるメカニズムです。まず、次の二つを押さえてください。一つ目は、遺伝子の本体であるＤＮＡが、染色体というカタマリにパッケージングされていること。二つ目は、染色体が、性別を決める性染色体（Ｘ染色体とＹ染色体）と、それ以外の常染色体に分けられるということです。

さて、黒毛遺伝子（Ｂ／ｂ／b^{-}）と白斑遺伝子（Ｓ／ｓ）は、それぞれ別の常染色体上にあるのですが、茶毛遺伝子（Ｏ／ｏ）は性染色体（Ｘ染色体）の上にあります。性染色体は、哺乳類である猫の場合、オスがヘテロ（ＸＹ）で、メスがホモ（ＸＸ）です。つまり、メスの猫には、茶毛遺伝子のパターンが顕性ホモ（ＯＯ）、ヘテロ（Ｏｏ）、潜性ホモ（ｏｏ）と三種類ありますが、オスの猫ではＸ染色体が一本なので、顕性（O□）か潜性（o□）の二種類しかないのです（□は空位）。
したがって、先ほど説明を後回しにした茶毛遺伝子のヘテロは、基本的にメスの猫にしかありません。そして、話をややこしくしているのは、X染色体の不活性化という現象です。X染色体の不活性化は、メスの細胞に特有の現象で、二つのX染色体の内、一方の遺伝子発現が完全に抑えられてしまう（マスクされる）ことをいいます。

どちらのX染色体がマスクされるかは、細胞によってランダムで、発生初期（受精卵から胚（はい）の時期）に決まると、そこから一生変わりません。こうした、遺伝子だけでは決まらない、遺伝子発現の制御をエピジェネティクスといいます（四二頁）。

つまり、茶毛遺伝子がヘテロ（Oo）だと、Oかoのどちらかを発現する毛根細胞がモザイク状に分布するため、O細胞の毛色は茶色に、o細胞の毛色は他の遺伝子で決まります。本項の場合だと、茶と黒の二色による斑模様になるのです。このとき顕性の白斑遺伝子が発現していると、茶と黒の地色に、三色目の白が加わって三毛猫が誕生します。ちなみに、黒毛遺伝子が第二顕性（bb、bb^{-}）だと、キジ三毛になります。

◆三毛猫になる条件

- 顕性の白斑遺伝子（S）と、黒毛遺伝子（B、b、b^-）を持つ
- 茶毛遺伝子がヘテロ接合（Oo）である

※茶毛遺伝子は X 染色体上にあるので、ヘテロ接合になるのは、X 染色体を２本持つメス（XX）か、クラインフェルター症候群のオス（XXY）だけ。

ここまでの話で、通常、オスの三毛猫がいない理由を理解できます。要するに、オスの猫は、X染色体を一本しか持たないので、茶と黒のモザイクにはならないのです（白斑は入ります）。

それでは、オスの三毛猫は、どのように生まれるのでしょうか。

時折、通常の染色体の数（二本一組）と違う子供が生まれます（異数体：一八二頁）。そうした中には、クラインフェルター症候群という、通常のオスよりX染色体の多い症例があります。例えば、性染色体がXXYと三本のことがあるのです。オスの猫がクラインフェルター症候群だと、X染色体が二本あるので、茶毛遺伝子がヘテロで（Oo）、顕性の白斑遺伝子を持つ場合に（SS、Ss）、三毛猫になるのです。

　つまり、クラインフェルター症候群という珍しい症例で、かつ三毛猫になりうる遺伝子が組み合わさったときだけ誕生するのが、オスの三毛猫ということになります。クラインフェルター症候群は乏精子症を伴うため、オスの三毛猫が自然繁殖で子供を作ることは、ほぼ無理です。仮に子供を作れたとしても（人工授精では可能です）、クラインフェルター症候群は偶然に起きる疾患なので、オスの三毛猫が生まれる可能性は、ほとんどありません。

　もう一つ、オスの三毛猫が生まれる可能性としては、茶毛遺伝子が、X染色体からY染色体に、相同組換え（二一一頁）した場合です。通常、X染色体とY染色体の相同組換えは起きませんが、物凄く低い確率で起きることがあります。いずれにせよ、オスの三毛猫は、とても珍しい存在なのです。

　珍重される猫の中には、「金目銀目」という形質もあります。英語ではバイアイ（bi-eye）、和製英語ではオッドアイといいます。正式には、虹彩異色症といって、左右の眼で虹彩（瞳）の色が違うのです（ヒトにも見られます）。片方が青色から灰色、もう片方が茶・橙・黄（琥珀）・緑のどれかということが多いようです。日本では、特に「黄色と灰色」や「黄色と青色」の組み合わせを「金目銀目」として珍重するようです。

そもそも虹彩の色はメラニン色素の量で決まり、茶色・褐色・橙色・黄色・緑色・灰色・青色の順で色素が少なくなります。ごく稀に、メラニン色素が薄すぎると、血管が透けて紫色の虹彩になることもあります。紫といっても、薄い青紫です。往年の大女優エリザベス・テイラーが、すみれ色の瞳で有名ですね。メラニン色素が全く無い先天性白皮症（アルビノ）の場合、虹彩は赤く見えます。

話を戻すと、実のところ、虹彩異色症は、ワールデンブルグ症候群という遺伝性疾患の患者さんに現れることが多いのです。事故などで、後天的に虹彩異色症になることもありますが、基本的には例外です。

後天性虹彩異色症の有名人には、ミュージシャンのデヴィッド・ボウイがいました。十五歳のときのケンカが元で、彼の左眼は、ほぼ視力を失いました。そのときの後遺症で、虹彩が開いたままのため、左右で瞳の色が違って見えました。

クローン・ビジネスの現在

ワールデンブルグ症候群の患者は聴覚神経に障害のあることが多く、その場合、虹彩の色素が薄い側の耳（青い眼の側）が難聴になります。ペットの場合も同様です。見た目の珍しさから人気があるとはいえ、あくまでも疾患の一症状であることは弁えておくべきかもしれません。

猫ではありませんが、ペットとして人気のあるフェレットは、遺伝的にワールデンブルグ症候群になりやすいことで知られています。フェレットの場合は、虹彩異色症ではありませんが、体毛や頭の形が人気だという理由で、わざと疾患動物を交配するブリーダーが多く、ペットショップで売買されるフェレットは、四匹中の三匹が難聴というデータもあるようです。動物愛護という意味では、考えてもらいたい話です。

ところで、クローン・ビジネスという話を耳にされたことはありますか？　クローンという言葉も、かなり市民権を得たように思いますが、正確な意味を理解している人は、多くないかもしれません。

ＳＦ好きな読者にとっては「自分とソックリ同じ人間を、人工的に作る」という設定は定番だと思います。まさか、クローン・ビジネスとは、依頼者のクローン人間を作るのか⁉と、ビックリした読者がいるかもしれませんが、そんな不穏当な商売は、私の知る限り存在していませんので、安心してください。

ある企業がクローンを作って商売していることは間違いないのですが、その対象はペットです。つまり、愛猫や愛犬が亡くなった後、クローン再生するというビジネスなのです。しかし、私見ですが、ビジネスは思惑通りにいかないと思われます。

なぜでしょう。読者の皆さんは、お分かりですか？　もちろん、コストや倫理の問題ではありません。答えは、クローンを理解していないことが原因です。

まず、生物学でいうクローンとは、全く同じゲノムを持つ個体のことをいいます。ゲノムとは、その個体を構成する遺伝子のフルセットのことです。普通、生物は、雌雄という二種類の性別を持っていますから、父母から染色体の形でゲノムを一組ずつ受け継いで、二組のゲノムを持っています（二倍体といいます）。現実の世界では、人工のクローン人間は誕生していませんが、実験動物や家畜では、すでにクローンは当たり前の存在です。

「人工の」と、わざわざ付け加えたのには理由があります。それは「天然の」クローンが当たり前に存在しているからです。そもそも、微生物（単細胞生物）が、細胞分裂で個体数を増やすのはクローンを作ることと同じです（無性生殖といいます）。また、一卵性の多胎児（双子や三つ子など）は、クローンです。

一卵性という医学用語には、受精卵は一つだったが、細胞分裂の最初期で二個体に分かれた、という意味があります。つまり、複数個体が、同じ細胞から発生したということなのです。受精卵（卵が受精した直後）には、分化全能性といって、個体発生に必要な全ての能力が備わっています。数回の細胞分裂では、分化全能性が維持されています。このとき、何かの拍子で、各々の細胞が独立して、もう一度細胞分裂を始めたのが、一卵性多胎ということです。

実は、畜産の分野では、この現象を利用して、人工的に双子や三つ子を作成しています（より正確には、除核した別の未受精卵に、優秀な形質を持つ受精卵の核を移植します）。乳の出が良い牛や、肉質の良い牛のクローンを作って、品質を安定させることが目的です。こうしたクローンは、受精卵クローンといいます。

ドリーとiPSの違い

受精卵クローンで誕生した動物は、いわゆる遺伝子組換え（一五四頁）とは違います。そもそも対象となる形質の選抜は、古代から行われてきた育種方法で行っていますし、生物学的には双子や三つ子と変わらないからです。違うところといえば、遺伝的に直接のつながりが無い雌牛の腹を借りて、一度に何頭も作出できる／タイミングをずらしながら作出できる、ことです（受精卵は冷凍保存可能です）。

基本的には、人工授精による作出と変わらず、遺伝子と関係ないことばかりです。受精卵クローンとは、全く異なるのが、体細胞クローンです。世界で初めての体細胞クローン動物（哺乳類）は、羊のドリーでした（一九九六年）。

体細胞クローンとは、受精卵のような「元々から個体に発生する細胞」を元にしたクローンではなく、「分化の進んだ最終段階の細胞」から作るクローンのことです。通常、そうした体細胞の染色体には個体発生する能力はありません。

したがって、移植する核に分化全能性を復活させることが鍵となります。しかし、ドリーの方法では、クローンを作っても生まれながらにして細胞が老化している、という指摘もあります。まだまだ、確立した技術とはいえません。

ここで二〇〇六年に開発された「iPS細胞」を使えばいいのに、と考えた読者もいると思います。しかし、「iPS細胞」は分化多能性の細胞ではあっても、分化全能性ではないので、個体発生はできないのです。

簡単に説明すると、分化全能性は「胎盤など胎児を育てる臓器になる能力」と「身体を作る能力」を兼ね備えますが、分化多能性は「身体を作る能力」だけを意味します。ですから、「iPS細胞」は、受精卵より、少し分化の進んだ細胞と考えてください。

「iPS細胞」を使って、生殖細胞（卵（らん）や精子）を作ることは可能ですので、「iPS細胞」由来の生殖細胞を受精させることで、クローンを作成することは理論的には可能です。しかし、生殖細胞の成熟には精巣や卵巣が必要ですし、もちろん受精卵から個体になるには子宮が必要です。

さて、クローンについて色々と説明してきましたが、先ほど示した「クローン・ビジネス」が失敗するであろう理由は、作出が難しいというだけではありません。実は、クローンといえども、完全に同じ個体ではない、という話があります。

当然ながら、生活環境まで完全に同じというわけにはいきませんから、少なくとも「心の中」、つまり脳の発達は、同じにはならないでしょう。脳のシステムの全てを解析してコピーする技術は、まだSF作品の中にしかありません。しかし、脳以外にも、細胞レベルで、同じゲノムを持つにもかかわらず、同じように成長しない部分もあるのです。そこが、工業製品と生物の違うところでもあります。

生物は、同じ設計図を基に、同じ工場で組み立てられても、一台一台に微妙な違いを持つのです。具体的な例を挙げると、ヒトの指紋や虹彩の皺（しわ）、毛細血管の走行パターンなどは、双子でも全く同じとはいきません。

つまり、DNAによる遺伝子の発現は、先天的に決まっているだけではなく、後天的に調節されるメカニズムもあるのです。そうした後天的な調節によって、遺伝子（DNA）そのものは変わらないのに遺伝子の発現が変化します。後天的な遺伝子発現の調節を研究する分野は、エピジェネティクスと呼ばれています。

要するに、多細胞生物を構成する各細胞は、周辺の細胞と相互作用して（あるいはランダムに）、それぞれの細胞内で、何の遺伝子が、どのように発現されるのかを決めているのです。

後天的な遺伝子発現は、ミュージシャンの演奏に譬えれば、インプロヴィゼーション（即興演奏）といえます。おおよそは、DNAというスコア（楽譜）を忠実に演奏するのですが、ライブ会場の雰囲気に合わせて、アドリブでパフォーマンスすることが、エピジェネティクスとイメージできるでしょう。前述したX染色体の不活性化や、細胞分化および初期化も、エピジェネティクスの例です。

さて、ここまでクローンのことが分かってくれば、なぜクローン・ビジネスが失敗するであろうかは想像がつくのではないでしょうか。三毛猫の話も思い出してください。

一匹一匹の個性的な身体の模様（体毛のパターン）は、エピジェネティックな遺伝子発現によって決まるのです。要するに、同じ遺伝子を持つペットのクローンを作っても、生前と同じにはならない可能性が高いのです。もしもペットの毛色が単色なら、依頼者にも納得してもらえるのかもしれませんが、思い入れのある愛猫の模様は、今の技術では原理的に再現不能、だからクローン・ビジネスは失敗するだろうと思われるのです。

飼い主にとって、かけがえのない一匹は、やはり一期一会（いちごいちえ）のようですね。

キメラ動物を作ることは可能か？

仮面ライダーもキメラ⁉

ヒーローや悪役が、動物の特殊能力を取り込むことは、SF作品で定番の設定です。例えば、全国的なブームにもなった『仮面ライダー』。主人公の仮面ライダー一号と二号はバッタの能力が与えられた改造人間でしたし、悪役ショッカーの怪人たちも色んな動物や植物がモチーフでした。

今でも、マンガやアニメや特撮ドラマに至るまで、枚挙に暇がありません。実は、様々な生物が入り混じった怪物や神獣を想像するのは、古くから洋の東西を問わないようです。

日本には鵺という、猿の頭部に狸の胴体、手足が虎で蛇の尾を持つ物の怪がいますし、西洋にも、頭部がライオンで胴体が山羊、毒蛇の尾を持つ怪物、キマイラがいます。このキマイラが、色んな生物の特徴を併せ持つことの代名詞「キメラ」の語源です。ご存じの読者も多いでしょう。実は、正式な生物学用語でもあります。

おそらく、読者の皆さんが気になるのは、様々な生物の特徴を併せ持ったキメラ動物を作ることは、はたして可能なのだろうか？　ということだと思います。鵺やキマイラほど極端な存在はともかくとして、基本的に、近縁種の場合は、種を超えた交配も、できることがあります。

俗に「染色体の数が違えば生殖できない」ともいわれますが、実は例外もけっこうあります。有名なものはオスのロバとメスのウマを掛け合わせたラバです。ロバの染色体は六二本ですが、ウマは六四本です。ラバは六三本になるので不妊なのだというのも俗説です。他にモウコノウマ（蒙古野馬／六六本）とイエウマ（家畜化された現在の馬／六四本）の雑種は六五本ですが、繁殖可能です。

ネコ科の大型動物は染色体数が同じで、トラ、ライオン、ジャガー、ピューマ、ヒョウは全て三八本です。自然界で、これらが互いに繁殖することは、ほとんどありません。掛け合わせることが不可能ではありませんが、できた個体は不妊です。

要するに、まだまだ分からないことが多いのが実情です。おそらく遺伝子レベルや細胞レベルで、種の独自性を保つ仕組みがあるのだろうと考えられています。

生物学的にキメラを定義すると、異なる遺伝情報を持つ細胞が混在している個体のことです。つまり、一つの生物に、ゲノムの異なる細胞が混ざっているわけです。最近では、広い意味で使われていて、分子レベル（例えばタンパク質など）で、由来の異なる部分が混ざっているものを、キメラ分子と呼んだりもするようです。

ヒトにもキメラがいる

他にも、猫の体毛が作る模様は、発現する遺伝子の異なる細胞が混在するのですが（三〇頁）、この場合はキメラではなくモザイクといいます。キメラは、異なるゲノムを持つ細胞の混在で、モザイクは、同じゲノムでも発現する遺伝子が違う細胞の混在です。

種を超えたキメラは想像の産物としても、同じ種の中でのキメラは、珍しいですが普通に存在します。例えば、ヒトキメラもおり、二卵性の双子には、ときどき見られる現象です。二卵性の双子では、お互いのゲノムは違います。

しかし、お母さんのお腹の中で成長するとき、血液を作る素になる細胞が交じって、骨髄に定着してしまうことがあるのです。その場合、皮膚など、他の細胞が持っている染色体に書かれた遺伝情報と、実際に流れる血液型が異なる可能性があります。

同じようなことは、白血病の治療でも起こります。治療後の骨髄細胞は、生来の細胞とは異なるゲノムを持っているので、当然と言えば当然です。骨髄移植の際に重要なのは、白血球の型が一致することです。必ずしもABO式の血液型が一致していなくても移植できるため、体細胞のゲノムに書かれた血液型と変わってしまうのです。

また、複数の受精卵が融合することで、全身の細胞がキメラになることもあります。

例えば、体外受精で生まれる子供や、片方が吸収された双子は、極めて稀にですが誕生するようです（健康上の問題は無いと思います）。

ときどき、昆虫のような節足動物の中に、身体の左右で雌雄の異なる個体が生まれることがあります。

少しドッキリする見た目ですが、この場合はキメラではなく、性的モザイクという現象です。これは、身体中の細胞は同じゲノムを持っているのですが、なぜか左右で性の発現が異なってしまった例です。

生物学を発展させた技術として、遺伝子組換え技術があります（一五四頁）。遺伝子ノックインマウス（ＫＩマウス）、あるいは遺伝子ノックアウトマウス（ＫＯマウス）が有名ですね。代表的なＫＩマウスには、オワンクラゲから分離した緑色蛍光タンパク質（ＧＦＰ）が全身の細胞に発現する、ＧＦＰマウスがいます。ＧＦＰは、下村脩（おさむ）氏が二〇〇八年のノーベル化学賞を受賞したことでも有名です。

しかし、生物に他種の遺伝子を導入して、それまでにない様々な形質を発現させることはできても、ペガサスのように馬に鳥の羽を生やすことはできません。そこまで生命を自由自在に操るほどには、科学は発達していませんし、そもそも人間の想像する造形は、生物学的に無理が多すぎるようです。まぁ、昔の人には発生学や解剖学の知識が無いわけですから、仕方ありません。

ちなみに、発生学は、生殖細胞（卵や精子）から、受精卵、胚を経て、個体に成長するまでの様々な現象を研究する学問分野です。最近では、「ｉＰＳ細胞」の開発もあって、注目されている生命科学の一分野でもあります。

「iPS細胞」は「万能細胞」とも呼ばれますから、「iPS細胞」を使えば、クローンでもキメラでも何でも作れると思う読者もおられるかもしれません。しかし、流石(さすが)に、そう自由自在ではありません。

「細胞の運命」とは何か

「iPS細胞」は、二〇〇六年に京都大学の山中伸弥教授が開発しました。山中教授は、この功績で二〇一二年にノーベル賞を受賞しています。「iPS細胞」の特徴は、分化の終わった体細胞を未分化な幹細胞に変化させることにあります。これを初期化（reprogramming）といいます。

先に、発生学は受精卵から個体に成長するまでの研究と説明しました。例えば三十歳で身長一七二センチメートル、体重七〇キログラムの場合、細胞数は三七兆二〇〇〇億個と見積もる研究があります（ただし概算であり、実際はもっと多いでしょう）。一個の受精卵から、お母さんの胎内で基本的な形が作られ、生まれてからも成長の過程で、それぞれ二〇〇種類ほどの細胞が働いています。このように細胞の機能が分かれていくことを分化といいます。

基本的には、一度、分化した細胞は、分化する前の細胞には戻りません。分化が進むことは、坂道を転げ落ちるようなもので、幾つもの道を分岐しながら、最終的な細胞に分化します。

これを「細胞の運命」といいます。何だか文学的な表現と思う読者もいるかもしれませんが、正式な生物学の用語です。この分化の坂道を登らせることに成功したのが、「iPS細胞」というわけです。従来、哺乳類ではありえないと考えられていました。だからこそ、ノーベル賞ものの研究だったわけです。

言葉の意味としては、分化全能性は「胎盤など胎児を育てる臓器になる能力」と「身体を作る能力」を兼ね備えますが、多能性は「身体を作る能力」だけを意味します。ですから、「iPS細胞」は、受精卵より、少し分化の進んだ細胞だと考えてください。「iPS細胞」から、直接に個体まで成長させることは困難ですが、原理的には不可能ではありません。なぜならば、「iPS細胞」を使って、生殖細胞（卵や精子）を作れるため、iPS細胞由来の生殖細胞を受精させることで、クローンを作成できるのです。

しかし、まだまだ簡単なことではありません。生殖細胞の成熟には、個体の精巣

◆細胞の運命とiPS細胞

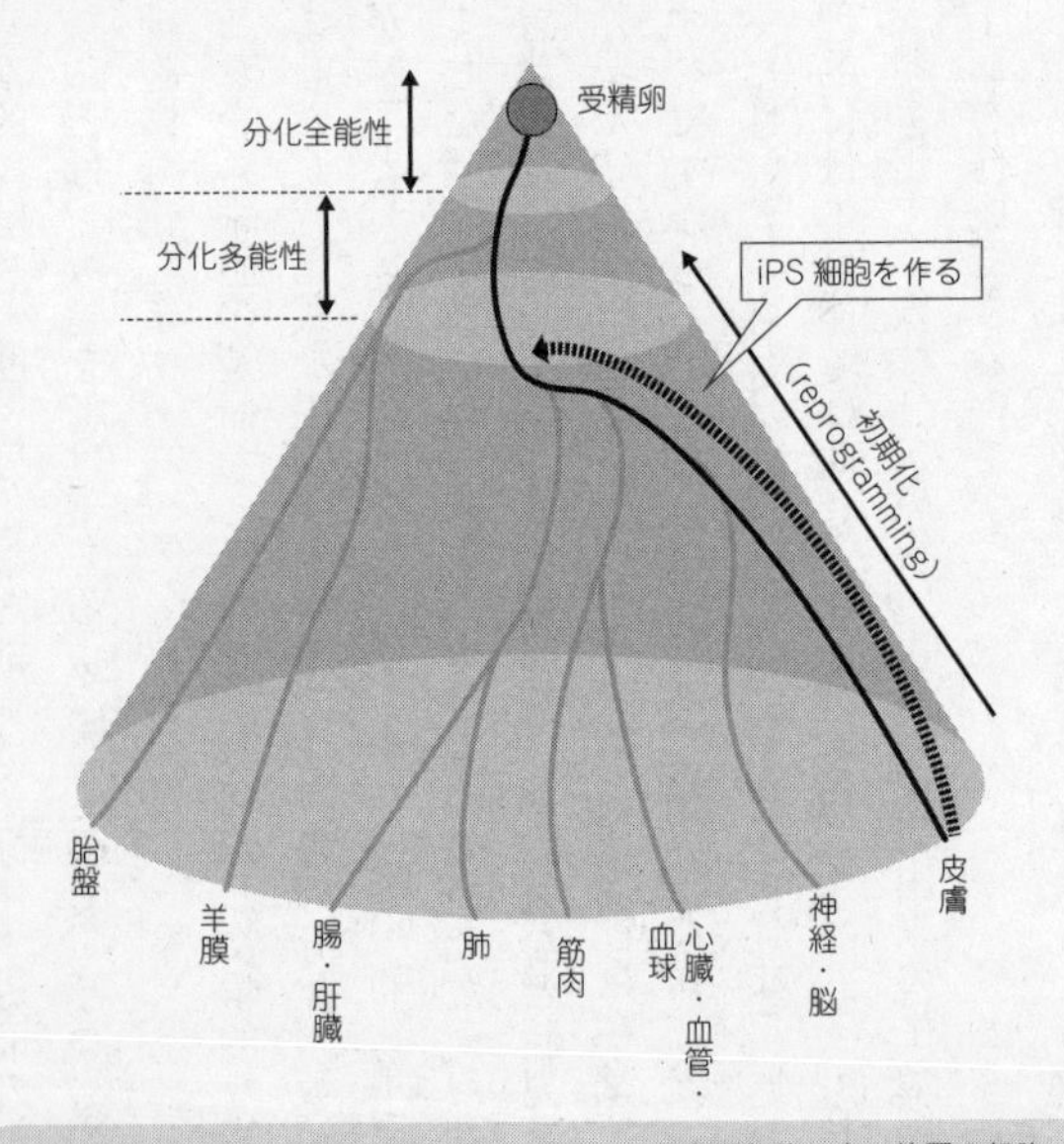

山の頂上が受精卵で、山の裾野が分化の終わった各種細胞。高い位置の細胞ほど未分化。分化は、山道を分岐しながら転がるように進む。iPS細胞は、山の麓から分岐する前の道に、分化の状態を持ち上げたイメージ。

や卵巣に移植することが必要ですし、もちろん受精卵を個体に成長させるには、個体の子宮が必要です。

今の科学技術のレベルでは、「生命の力」を借りずに、試験管の中だけで、個体を発生させることはできません。ましてや、種を超えて形質を発現させるような、都合の良いキメラを作り出すことは、夢のまた夢、といったところでしょう。

DNA捜査は信用できる？

「DNAが一致した」はウソ

現在、警察が使っているDNA捜査は、DNA型鑑定といって、犯行現場の遺留品から抽出されたDNAと容疑者のDNAを比較しています。

誤解している人も多いのですが、DNA型鑑定は、DNAを全て比較しているわけではありません。これは、簡易的な遺伝子検査でも同じです（八八頁）。驚かないでくださいね。ニュースでは、よく「DNAが一致した」と言いますが、ハッキリ言って、それは嘘です。「塩基配列パターンの一部が酷似している」というのが正確な表現になります。

もちろん、一卵性多胎児やクローン（三〇頁）以外で、ヒトの持つ全ての遺伝子情報（ヒトゲノム：一三七頁）、つまり三一億個の核酸塩基配列が、偶然に完全一致する確率は、ありえないくらい小さいはずです。

しかし、今のところ、個々人のヒトゲノムを解読するのは、時間的にも費用的にも難しいので（現行、主流のＤＮＡシーケンサーだと、約十日で一〇万円ほど）、幾つかの方法で、ＤＮＡの塩基配列パターンを調べて鑑定しています。

ヒトの場合、ＤＮＡの塩基配列のほとんどは、私たちの生命活動に直接関係がありません。その生命活動に無関係な塩基配列の中に、非常に多くの突然変異が蓄積されています（ほとんどの変異は、生命維持に無関係です）。

突然変異は偶然に起きますから、個人差が非常に大きくなります。ＤＮＡ型鑑定は、これを利用します。ただし、変異も含めて遺伝するので、親子間では変異が似ています。だから親子鑑定ができるわけです。

さて、初期のＤＮＡ型鑑定は、ある制限酵素（一五四頁）で遺伝子を切断し、そのパターンを比較するものでした。同じＤＮＡを同じ制限酵素で切れば、同じ結果（パターン）が得られます。

ＤＮＡは身体中の細胞で同じですから、同一人物から得られたサンプルなら、血液・粘膜・皮膚・毛根など、何を分析しても同じ結果になるはずです。この方法は、結果のパターンを指紋になぞらえて、ＤＮＡ指紋法といいます。

本物の指紋も、よく犯罪捜査に利用されます。指紋は個人を特定する有力な状況証拠です。しかし、一卵性の双子は指紋まで同じと考える人もいるようですが、指紋の形を決めるのは、遺伝子だけではありません（エピジェネティックな変異：四三頁）。

DNA型鑑定の仕組み

さて、DNA指紋法は、サンプルとなるDNA（染色体）を完全に近い長さで比較する必要がありました。しかし、犯罪捜査の場合、不完全な状態でサンプル採取されることが多いため、結果の再現性が下がります。

そこで、近年はSTR（Short Tandem Repeat）という、数個の塩基配列が連続する部位（生命活動に無意味と考えられる配列）を分析する「STR法」が使われています。「STR法」は、DNA指紋法と違って、染色体の一部に注目した方法ですので、不完全な試料でも鑑定できる可能性が高くなります。

例えば、二番染色体にある、甲状腺ペルオキシダーゼという酵素の遺伝子（TPOX）にあるイントロン（タンパク質に翻訳されない遺伝子領域）に注目すると、

「AATG」というSTRの連続が、五個の人から一四個の人までの一〇種類があります。

ということは、父方由来のTPOXのイントロンで一〇種類、母方由来も一〇種類で、一〇〇パターンに人間を分類できることになります。もし一〇〇パターンに分類できるSTRを五カ所調べると、単純計算で一〇〇億パターンに分類できることになります。

基本的には、血液型で分類することと同じです。例えば、ABO式は四種類、Rh式では二種類の血液型がありますから、二つの血液型を組み合わせて、八パターンに分類できます。

STR法のDNA型鑑定は、STRの変異を組み合わせて、個人識別できるほど多くのパターンに分類しているわけです。現在、日本の警察のDNA型鑑定では、一五カ所のSTRを調べています。各STRは、およそ四パターンから三〇パターンと同じではないのですが、他人同士のSTRが全て一致する確率は、およそ四兆七〇〇〇億分の一になるそうです。日本の人口は一億二六〇〇万人くらいなので(二〇二〇年四月一日現在)、日本人の中でSTRが全て一致するのは、理論上、一

◆DNA型鑑定の仕組み

DNA 指紋法

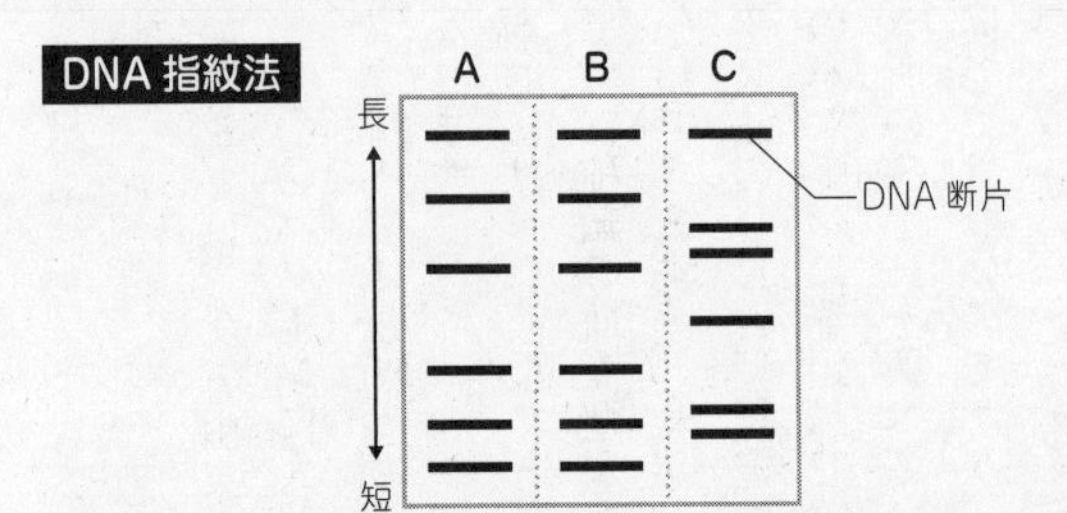

サンプル（A～C）から調整・増幅したDNAを制限酵素で切断し、電気泳動で断片を長さの順に並べる。同じDNAなら同じパターンで並ぶ。上図の場合、AとBは同じDNAの持ち主だが、おそらくCは異なる。

STR 法

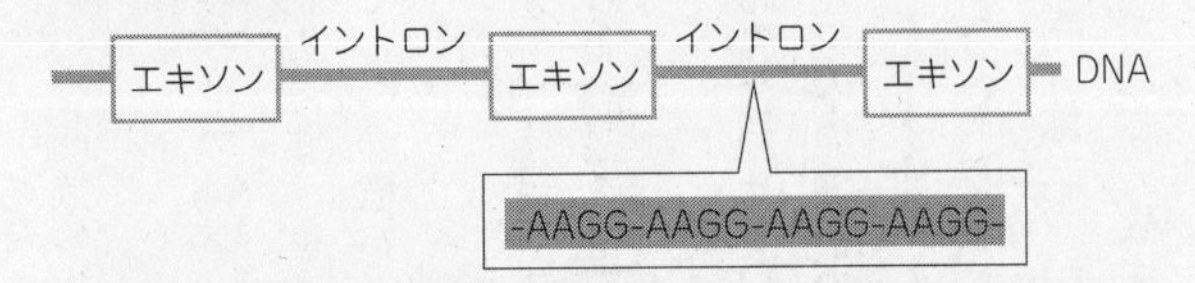

遺伝子は DNA 上で、エキソン（翻訳される）とイントロン（編集で切り取られる）に分けられる。イントロンの中には、意味の無い反復配列STRがある（上図の場合 AAGG）。STR の反復回数は人によって違う。特徴的なSTRを幾つも調べて組み合わせ、個人識別を行う。例えば10種類の遺伝子に反復回数で 1 回～10回の違いがあれば、理論上、100億パターンに分類できることになる。

卵性多胎児（双子や三つ子）だけでしょう。

最近は、一塩基多型（SNPs、スニップス：九二頁）を利用した鑑定法も研究されています。DNA指紋法よりはマシなのですが、「STR法」も、ある程度の長さの染色体が無いと鑑定に使うSTR領域を見つけることが難しくなります。SNPsの確認なら、より狭いDNA領域に注目すれば良いので、状態の良くないDNAからの検出感度が上がります。しかし、一カ所あたりのパターンが減るので、その分、調べる部位を増やさなくてはいけません。ただしSNPsはゲノムに数百万個も存在するので、原理的には問題ないはずです。

DNA型鑑定の問題点

ここまで、DNA型鑑定の利点を中心にお話ししてきましたが、何も問題が無いわけではありません。一つは、鑑定に利用するために、各STRやSNPsに対して、対象となる集団のデータベースが必要であるということです。

血液型で考えてみれば分かると思うのですが、例えばA・B・O・ABの各血液型の人の割合は均等ではないですし、国や民族によっても割合は変わります。さらに、「STR法」では、各STRの変異は独立していると考えられていますが、実は何かの関連がある可能性もあります。だとすると、赤の他人で一致する確率が増えることになります。

あくまで確率は確率なので、数兆分の一といえども偶然に一致する可能性はゼロではありません。実際に、アメリカでは数万人規模のデータベースの中に、全てのSTRパターンが一致するものが見つかっています。

誤解しないで欲しいのは、STRのパターンが一致しても、ゲノム全体で見れば違うということです。つまり、あくまで部分的なパターンが一致したに過ぎません。しかし、犯罪捜査では、それを同一人物と判定してしまう可能性があるわけです。この辺り、DNA型鑑定が絶対ではないことを理解しておかなくてはいけません。あくまで状況証拠の一つに過ぎないのです(有力な証拠ではありますが)。

それと、DNA型鑑定で注意しなければいけないのは、目的外の遺伝子の混入です。犯行現場で発見した微物が誰に由来するものかは、鑑定するまでは分かりません。

特にDNA型鑑定は、微物から調製して増幅するだけに、余計なものが混ざっていると、誤った結果を導くことにもなりかねないのです。

この件について教訓となる有名な事件があります。ヨーロッパの「ハイルブロンの怪人」事件です。事の発端は、ドイツの南端にあるバーデン＝ヴュルテンベルク州のハイルブロン市で、二〇〇七年に起きた凶悪犯罪でした。犯人は、パトカーを襲って拳銃を奪い、警官二名を射撃して（女性警官一名死亡、男性警官一名重症）、逃走したのです。

残された微物からＤＮＡを抽出して調べたところ、何とドイツを中心にしたヨーロッパ各国、四〇件の犯罪現場で、同一のＤＮＡが検出されたのでした。しかも、殺人をはじめとして強盗、薬物取引と、その犯罪は多彩でした。さらに一九九三年の殺人事件で残された試料を二〇〇一年に分析した結果からも同じＤＮＡが検出されていました。ＤＮＡから得られた情報は、東欧あるいはロシア系の女性を示していました。

ヨーロッパ各国を股にかけ、長期にわたり暗躍する、東欧犯罪組織の女性犯罪者。二〇〇九年、ドイツ警察は、謎の女性犯罪者に三〇万ユーロの懸賞金をかけました（当時のレートで三九〇〇万円ほど）。何ともミステリアスですが、事件は、思わぬ方向に展開しました。全く無関係な事例（盗難目的で学校に侵入した少年や焼死した難民男性）からも、謎の女性のＤＮＡが検出されたのです。

当局が慌てて再調査した結果、「ハイルブロンの怪人」の正体が判明しました。彼女は東欧の出身でしたが、バイエルン州の綿棒工場に勤める女性従業員だったのです。

もちろん、彼女は犯罪組織とも、一連の犯罪とも、何ら関係ありません。問題は、綿棒の生産工程にありました。何と、この工場では、綿棒を素手で包装していたのです。そして、各国の警察は共通して、この工場が出荷した綿棒を使って、ＤＮＡ型鑑定に使う微物を回収していたのでした。警察は、綿棒工場に勤める女性従業員の皮膚の欠片（かけら）からＤＮＡを検出していただけだったのです。

当然ながら、事件の捜査は全て一からやり直しです。ちなみにハイルブロンの事件の犯人は、二〇一一年に見つかりました。このとき犯人は銀行強盗をして、警察から逃げ切れず車ごと焼身自殺したのですが、遺留品から詳細が判明したそうです。後に共犯者が自首して、事件は幕を閉じています。

あなたのプライバシーが脅かされる?

お分かりいただけたと思いますが、今のところは、DNA捜査を過信してはいけません。あくまで状況証拠の一つに過ぎないと考えるべきです。もちろん、さらに研究が進み、DNAシーケンサーの性能も上がって、微物から回収された試料から、全DNAを読むのが当たり前になれば、犯罪捜査も、全く違う次元に変わるかもしれません。しかし、そのときには、プライバシーや個人の倫理についても、今とは異なる対応が必要になるでしょう。

極端な話ですが、住民全てのDNA検査結果を登録したとします。もし犯行現場からDNAが採取されたら、即座に容疑者を照合できることになります。

こんなことを日本で言い出したら、とんでもない大騒ぎになると思いますが、実は、二〇一五年の七月、永住権を持つ全ての居住者にDNA検査のデータ登録を義務づける法案が、クウェートで可決されたのだそうです。

登録を拒否したり、虚偽のデータを登録したりした場合は、罰金刑や禁固刑に処されるとのこと。テロなどの犯罪組織対策だそうですが、そこまでしないといけないことに、少し恐ろしさも感じますね。

どうせなら、せっかくのビッグデータですから、ヒトゲノム計画（一三七頁）のように、人々の健康に活かして欲しいですね。

ガンと遺伝子

ガンとはどのような病気？

日本人の三大死因といえば、ガン・心筋梗塞・脳卒中が挙げられます（最近は、三位に肺炎が上がってきました）。そして、日本人の二人に一人が、生涯で何かのガンに罹るそうです。

そう聞くと、「自分もいつか……」と心配になりますよね。そもそもガンは、どういう病気なのでしょうか。そして、遺伝子と、どういう関係にあるのでしょうか。

まず、用語を整理しておきましょう。最も大きな意味で使われるのが、腫瘍という言葉です。病理学の用語では、腫瘍のことを新生物と表記します。

読むときの区切りに注意してください。これは、新・生物ではなく、新生・物です。つまり「（身体に）新しく生じた（余分な）物」という意味ですね。そして、がん（あるいは、ガン）と表記するときは、悪性腫瘍（悪性新生物）を意味します。

ガンは、大きく二種類に分けられます。一つは上皮組織に発生する「癌腫」、もう一つは上皮組織以外に発生する「肉腫」です。上皮組織は、粘膜や粘膜の真下、分泌腺の組織のことと思ってください。ですから、消化管（食道、胃、腸）に生じるのは癌腫が多いです。定義の問題なのですが、骨細胞や神経細胞が腫瘍化しても、分類上は肉腫として扱われます。

ちなみに悪性・良性という分類は、命に影響が有るか無いかという医師の判断であり、腫瘍の性質そのものではありません。腫瘍の性質を決めるのは、「分化度」と「異型性」です。分化度は、腫瘍化した元の組織から、どれほど未分化であるかという指標です。

異型性は、腫瘍化した元の組織から、どれほど見た目が変化しているかを表します。分化は、受精卵から変化して固有の働きをする組織になることを意味します。赤ちゃんのときには何にでもなれますが（未分化な状態）、大人になると職業が決まる（分化する）ようなものです。分化度が高ければ、元の組織に近いことを意味し、逆に分化度が低ければ、元の組織から分化を遡（さかのぼ）っている（未分化になる）ことを意味します。分化度の低いガン細胞は、退職してニートになってしまったようなものでしょうか。一般に、分化度が低く、異型性が大きいと、制御されていない細胞分裂が活発なので、悪性と判断されることが多いです。

余談ですが、「ES細胞」や「iPS細胞」といった幹細胞は、分化度の低い（未分化な）細胞で、活発に細胞分裂を繰り返します（五〇頁）。

特に、「iPS細胞」は、分化の完了した細胞を未分化な状態に初期化して作成しているので、ガンのメカニズムに通じる部分があります。「iPS細胞」を使った再生医療で問題にされる安全性の議論は、実は、この意味で「組織のガン化が起きないか？」ということのチェックなのです。

ガンと炎症の関係

話を戻します。最近、正常組織は、ガンになる前に、前がん病変という状態になることが指摘されています。前がん病変は、慢性の炎症などで生じます。特に、消化器系の癌腫では、「炎症・化生（かせい）・腺癌連続性仮説」が、専門家の間では一般的な考えになってきています。

「炎症」は聞いたことのある読者も多いと思います。表皮の場合は、患部が真っ赤

になり、ズキズキと疼く痛みが特徴です。これは免疫が働いて、患部を守ろうとし

ているのです。炎症は身体の中でも起こります。一方で、「化生」は、耳慣れない

言葉ですね。簡単に言うと、後からできた別の臓器の組織のことです。

具体的な例を挙げましょう。

例えば、逆流性食道炎という疾患を聞いたことのある読者はおられるでしょう

か。ストレスや食生活の乱れ、過度の飲酒、その他の理由で、胃液や消化途中の滞

留物が食道に逆流して食道の粘膜を刺激するのです。自覚症状としては、胸焼けや

胸の痛みがあります。このとき変性した組織を観察すると、食道粘膜のはずなの

に、なぜか胃壁のように変化しているのです。こうした「なぜ、そんなところに違

う組織ができているの?」という状態を化生といいます。不思議ですね。しかし問

題は、胃壁のように化生した食道粘膜や、腸壁のように化生した胃粘膜が、後にガ

ン化することです。なぜ、そんなことになるのでしょう。

慢性的に炎症の長引いている組織は、様々な原因で、常に細胞分裂を繰り返して

います。細胞分裂を繰り返す組織には、突然変異が蓄積していきます。突然変異は

一定の確率で起きるからです（物凄く低い確率ですが）。突然変異の確率が同じなら、細胞分裂の回数が多い組織ほど、変異する細胞が多くなるのは当然です。

これが「炎症・化生・腺癌連続性仮説」です。この仮説を元に考えれば、私たちの身の回りで発ガンのリスクを上げる要因とは、要するに「組織に炎症を起こすもの」のことです。

ときどき、「私の家系には、ガンが多い」などという話を耳にします。

確かに、遺伝的に、ガンに罹りやすい人はいるようです。突然変異が生殖細胞（精子や卵）に蓄積されていれば、子孫に伝わることになります。

しかし、早合点しないでください。多くの場合、個人的に起きた突然変異は、生殖細胞とは関係ないので、子孫に伝わることはありません。生殖細胞は分裂の多い細胞ですから、何もしなくても一定の割合で遺伝子は突然変異します。むしろ積極的に遺伝子組換えも起こします。

変わらないことは、生命の基本なのですが、一方で変わり続けることも、生命の基本なのです。一見、矛盾していますよね。今の生命活動を維持するためには変わってはいけません。しかし同時に、長い目で見たときは、少しずつ変わることが進化の原動力なのです。ガンの話から少しズレてしまいました。

話を戻します。ガンに罹りやすいことに、遺伝子の変異が関係していることは本当です。したがって、同じ発ガンリスクに晒(さら)されても、遺伝子の変異の違いでガンに罹りやすい人と罹りにくい人がいます。しかし、ガンに罹りやすいからといって、必ず罹るわけではありません。そこは全く違うので、注意してください。

アンジーと遺伝子検査

しかも、どのような遺伝子の変異を持っていようが関係なく、老化すれば必ずと言って良いほどに、ガン細胞は身体の中にできます。つまり、遺伝的な要因に、環境要因（発ガンリスク）が加わって、さらに老化により身体機能が低下することで、総合的に発ガンに至ります。そうはいっても、遺伝的な要因で、ガンに罹りやすいか否かが分かることは重要なことかもしれません。二〇一三年、女優のアンジェリーナ・ジョリー（アンジー）が、遺伝子検査で乳がんの発症リスクが高いことを知って、予防的に手術を受けたことがニュースになりました（八八頁）。

彼女自身が語っていますが、遺伝子検査で発ガンリスクが高いからといって、全ての人が予防的手術を受けるべきというわけではありません。あくまで選択肢の一つだということです。もし自分の遺伝子変異を調べたとして、対策の見つかっていないガンについてリスクの高いことが分かっても、予防できるわけではありません。予防という意味では、今のところは、小まめに検査をして、ガンの早期発見に努めることが大切です。しかし、この節の冒頭でも少しお話ししましたが、日本人の三分の一がガンで亡くなり、二人に一人が生涯でガンに罹る時代です。

先ほど「私の家系には、ガンが多い」という話がアチコチで聞かれるという話をしましたが、それだけ多くの人がガンに罹るわけですから、ガン患者が身の回りにいることは、何ら不思議ではありません。ガンは一種の老化現象と言っても良いので、高齢化社会でガン患者が増えるのは当たり前です。他の病気で死ななくなった結果だとも言えます。

実際、遺伝的要因より、環境要因のほうが、発ガンリスクとしては大きいでしょう。というのも、同じ生活環境の中では、同じような病気に罹りやすくなるものだからです。例えば、食生活は、どうしても家族単位で同じになります。同じ家系では似た味付けや食材が多くなるでしょう。味付けの濃い家系は胃がんになりやすすかったり、高血圧になりやすかったりします。これは、遺伝と関係ありません。

遺伝子の変異とは別に、今のところ確実に予防できそうなガンとしては、胃がんと子宮頸がんがあります。胃がんの原因には、ヘリコバクター・ピロリという細菌による胃壁の炎症が挙げられます。

ピロリ菌は、名前は可愛いのですが、厄介な細菌です。もちろん全ての原因ではありませんが、先の「炎症・化生・腺癌連続性仮説」で考えて、慢性炎症の原因を除去することが、結局はガンの予防になるということです。

ガン遺伝子の種類

子宮頸がんは、その多くがヒトパピローマウイルス（ＨＰＶ）の感染を原因としています。もちろん、こちらも全ての原因ではありません。しかし、ＨＰＶにはワクチンが効きますし、前がん病変の診断が容易なことから、予防可能なガンであることが最大の特徴と言われるくらいです。

子宮頸がんは、不特定多数との性交や出産回数に、リスクが比例します。近年は、性交開始年齢が下がっていることから、若年での発症が目立つようになっています。多くのガンが老化と比例して発症するのに対し、子宮頸がんは二十代後半から四十歳前後に発症のピークがあることから、別名マザーキラーとも呼ばれます。

この異名には二つの意味があります。一つは、治療のための手術で妊娠ができなくなる、つまり子供のいない女性から「母になる機会を喪失させる病」という意味で、もう一つは、子供から「母親の命を奪う病」という意味です。

子宮頸がんは、HPVワクチンと定期健診によって、ほぼ確実に予防できる病気なのですが、ごく稀に起きる有害事象が、ワクチンの副反応であると過剰に喧伝(けんでん)されることで、普及に歯止めがかかっているようです（一三四頁）。

現時点では、ガンについては遺伝子と関係なく予防に努めるべきなのですが、最近の研究では、どうやらガン化に共通する遺伝子が分かってきました。

私たちは、いわゆるガン遺伝子（オンコジーン）というものを持っています。名前が誤解を招きやすいような気がしますが、正確には、「組織がガン化するときに異常な働きをする遺伝子」のことをガン遺伝子といいます。つまり、ガン遺伝子が正常に働かなくなると、ガンになる可能性が上がるわけです。

ガン遺伝子には何種類もあるのですが、その様々なガン遺伝子たちの機能を上か

◆ガンと遺伝子の関係

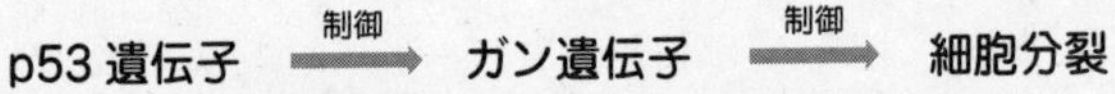

p53遺伝子 —制御→ ガン遺伝子 —制御→ 細胞分裂

・ガン遺伝子が変異して、細胞分裂が制御されなくなると、ガンになるかもしれない。
・p53遺伝子が変異して、ガン遺伝子が制御されなくなると、ガンが悪性化しやすくなる。

ら制御している（抑えている）遺伝子が見つかりました。それがp53遺伝子です。p53遺伝子は、p53タンパク質を作ります。

p53タンパク質は、転写活性因子で、細胞分裂の周期をコントロールしています。転写とはDNAから伝令RNA（mRNA：二六九頁）が読み出されることです。つまり、別の遺伝子の発現を上位からコントロールして、細胞が正常に分裂を続けるためのタンパク質なのです。より正確に言うと、遺伝子が傷ついたり、細胞のダメージが大きくなったりすると、p53タンパク質が働いてアポトーシス（細胞の自殺）を起こします。

もし、p53遺伝子がおかしくなると、ガン遺伝子たちの過剰な機能が抑えられなくなったり、アポトーシスをできなくしたり、といったことから、ガンになると考えられています。様々な組織がガン化するわけですが、今のところ悪性腫瘍の半分にp53遺伝子の変異があると言われています。p53遺伝子の変異があると、抗がん剤の効きが悪くなったり、放射線治療に抵抗性を持ったりする傾向が強いのです。

しかし、p53遺伝子の変異は、組織をガン化させる可能性を高くする一方で、何の組織がガン化しやすくなるかを決めるわけではありません。それは、まだ研究の途中です。さらに、いくら大事だといっても、p53遺伝子が過剰に発現することには害があると考えられています。p53遺伝子を過剰に発現するように遺伝子改変したマウスは、ガンの発生率は低かったのですが、組織の老化が早く、寿命も短かったのです。

やはり、生命の仕組みは、一筋縄ではいかないということですね。

ガン研究は、臓器別の分類から、組織・細胞別、そして遺伝子別に進んでいます。ガンは組織や細胞によって千差万別で、万能の治療法はありません。例えば、白血病にはWHO分類第四版で、大きく九種類もありますし、肺がんにも、肺を構成する細胞種の数だけ肺がんの種類があります。それぞれ、現段階で、予後の厳しいタイプもあれば、治療法の確立しているタイプもあります。中には、劇的に治療効果の上がったタイプもあります。

今後、よりピンポイントで、それぞれのタイプに応じた治療法が開発されることになるでしょう。p53遺伝子に関しても、十数年もすれば、臓器別・組織別・細胞別に、何の遺伝子と影響しあってガン化するのか、というところまで判明し、治療法が開発されることを期待しても良いと思います。

発がん性物質とはどんなものか

発がん性物質の話題にも触れておきましょう。

世界で初めて発がん性物質がガンを引き起こすことを実証したのは、山極勝三郎（やまぎわかつさぶろう）でした（一九一五年）。彼は、煙突清掃作業員に皮膚がんが多いことをヒントに、コールタールをウサギの耳に擦り付け、人工的にガンを発生させました。コールタールは、石炭を熱分解して得られるので、煤（すす）にも多く含まれます。実験の原理は単純でした。同じことを考えた研究者は多くいたのですが、誰もが数カ月でギブアップしていたのです。

しかし、山極は三年も実験を続け、ついに成功させました。そもそも煙突清掃作業員が発がんするまでに十年ほどかかるので、山極は、実験に相応の時間が必要なことを覚悟していたようです。ちなみにコールタールは、幾つもの発がん性物質を含みますが、その中の一つであるアクリジンは、DNAのトリプレットコドン仮説（二六七頁）を証明するために使われた重要な物質でした。要するに発がん性物質とは、DNAに突然変異を起こす物質だったということです。

二〇一一年の東日本大震災で福島第一原発が事故を起こして以来、放射性物質に過剰な反応をする人が増えました。放射性物質に発がん性があるからです。

放射線による突然変異を証明してノーベル生理学・医学賞を受賞したのは、ハーマン・マラーです（一九四六年）。マラーは、トーマス・モーガン（二〇五頁）の弟子で、実験にキイロショウジョウバエを使いました。親のハエを被曝させると、子の致死率が、放射線量に比例して増加したのです（多くの突然変異は致死性）。そこから、現在の放射線被曝量を規制する、直線しきい値無し仮説（linear non threshold hypothesis、LNT仮説）が提唱されました。

しきい値とは「何かの影響が現れる境目の値」という意味です。しきい値が無いということは、どんなに少なくても何らかの害がある、という意味になります。この世のあらゆる物質に毒性のしきい値は有りますが、放射線の場合は特別なのでしょうか。

実は、実験に使った（特に、オスの）キイロショウジョウバエが特殊でした。マラーの時代には、まだ遺伝子がDNAであることすら知られていませんでしたが、今ではDNAの傷が、すぐに修復されることまで分かっています。ところが、キイロショウジョウバエの生殖細胞だけは、例外的に、DNA修復酵素が無いのです。つまり、キイロショウジョウバエは、特別に突然変異しやすかったわけです。

現在では、どんなに微量な被曝量にも放射線の影響は比例する、と考えることは、科学的ではありません（もちろん大量に被曝することは危険です）。平時の安全管理にLNT仮説が採用されているのは、簡便だからです。不安なときこそ冷静になって、状況を科学的に評価することが、結果的に、皆さんの安全と健康につながります。

実は、ほとんど意味の無い微量の放射性物質を気にするより、よほど怖い発がん性物質が、私たちの身近に存在しています。

タバコよりも危険な物質

例えばタバコも、そうです。タバコの煙には、ベンゾピレンが含まれています（主流煙と副流煙、同じくらいです）。ベンゾピレンは、前述したp53遺伝子を変異させることが、実験で確認されています。普通に考えれば、控えたほうが良いですね。

実は、百歳を超えるような長寿の方に喫煙者が多いことも事実なのですが、彼らはタバコの害くらいは打ち消してしまえる特殊な体質だから長生きできるのかもしれません（まだ研究中だそうです）。

しかしながらタバコより、もっと怖い発がん性物質が、私たちの身近にあるのです。それは、カビの毒（マイコトキシン）です。中でも、アフラトキシンの発がん性は、非常に高いことで知られています。アフラトキシンの産生が初めて見つかったのは、アスペルギルス・フラウスというカビです。**ア**スペルギルス・**フラ**ウスの作る毒素（トキシン）だから、アフラトキシンというわけです。このカビは、ナッツ類や穀物に生えますから、人間の周りには当たり前にいると思ったほうが良いでしょう。また、アフラトキシンは、調理程度の熱では分解されませんので、一度カビてしまった食品は廃棄するしかありません。

アフラトキシンには何種類かありますが、どれも肝臓に特有の酵素で分解されて、その毒性を発揮します。アフラトキシンが肝臓で分解されると、DNAに結合して、細胞に障害を起こし、ガン化させるわけです。イメージとしては、精密機械の中にゴミを入れて、歯車が上手く回らなくなるようなものかもしれません。

ラットを使った実験では、最も毒性の強いタイプのアフラトキシンを一五マイクログラム/キログラム含む飼料で育てると、一〇〇パーセントの確率で肝臓がんになっています。ちなみに、一マイクログラムは一〇〇万分の一グラムです。ラットは、およそ体重三〇〇グラムで、毎日三〇グラムくらい餌を食べますから、体重六〇キログラムのヒトに換算すると、毎日、たった九〇マイクログラムのアフラトキシンを摂取すると、必ず肝臓がんになることを意味します。

ほとんどの読者は、「カビた食べ物なんか、口にしない」と思うかもしれません。もちろん、目に見えてカビていれば、気持ち悪いので捨ててしまうでしょうが、顕微鏡で見たら実はカビが生えている、ということは普通にありえます。

パンにしろ、ピーナッツにしろ、開封して表に出したものは、さっさと食べてしまいましょう。いつまでも残したものを食べるのは危険です。もったいないと思わず、食べ残した物は捨てたほうが良いと思います。

少々、脅し気味に説明してしまいました。そうはいっても、一口二口食べたくらいでは大丈夫ですので、神経質になりすぎないようにしてください。アフラトキシンに関する日本の食品衛生法の規制値は、一〇〇〇億分の一以下です。つまり、一キログラムの穀物に一億分の一グラムもアフラトキシンを含んではいけないという意味です。

基準を超過した検出事例としては、二〇〇八年に、大阪の米飯業者の三笠フーズが食品用に汚染米を転売した事件がありました。また、二〇一一年には、宮崎大学の農学部が作った食用米から検出されています（これは市場に出回るものではありませんでしたが）。二〇一二年には、中国から輸入されたホワイトペッパーや、アメリカから輸入されたピーナッツバターから、基準値以上のアフラトキシンが検出されています。他には、ピスタチオ、干しイチジク、トウモロコシ、また、ナツメグなどの香辛料からは、基準値以下ですがときどき検出されます。

つまり、カビやすい輸入食材は危ないということですね。実は、こうした危険は、過剰にポストハーベスト農薬（防かび剤など）を嫌った消費者の側にも原因があります。化学薬品を避けることで、より強力なカビ毒を食べる危険が増えたというわけです。本末転倒ですね。

自家製発酵食品の注意点

これは、どちらが、よりコントロールしやすいのか、という問題でもあると思います。実際、リスクゼロなんてことは無理なのです。ですから、化学物質にせよカビ毒にせよ、いかにして健康に害の無い、基準値以下に抑えるかが問題になるのです。

個人的に気になっているのが、最近の自家製発酵食品ブームです。正しい方法で行えば問題は無いのですが、発酵とは、要するに菌を生やすという意味なので、しっかり管理しないと、変なカビも一緒に培養することになります。容器や器具の滅菌をすること、作業をする場所や手を殺菌することが基本です。

ちなみに、殺菌のほうが、語感がキツイと思いますが、実は逆です。殺菌は「菌を減らすこと」で、滅菌は「菌を無くすこと」です。殺菌しても、菌は残っていると考えるべきです。カビの胞子は台所の空気中に幾らでもいます。その代わり、器具の滅菌を徹底的にしてください。

食品衛生の基本は「作り始めの菌を極力減らすこと」「作った料理は早く食べてしまうこと」「箸をつけた料理は残さないこと」に尽きます。少しでも味や臭いが変だったら、廃棄するべきだと思います。この件に関しては「もったいないは危険」を標語にしても良いくらいです。

ちなみに、一部に広まったデマに「コンビニ弁当や大手メーカーのパンが腐りにくい、あるいはカビにくいのは、変な防腐剤や防かび剤が入っているせいだ」というものがありますが、全くの誤解です。

食品工場の生産ラインは、家庭の台所とはレベルが違い、徹底的に滅菌されています。工場内の空気も、フィルターを通して、無菌に近い状態です。元々からの菌数やカビの胞子が少ないから、腐りにくく、カビにくいのです。日本は、ほぼ年中が湿潤な環境なので、毎日がカビとの闘いみたいなものです。本当に発がん性物質を気にするのなら、まずは家庭で食品の扱いに注意して欲しいと思います。

しかし、あまり神経質になると、今度はストレスによって、発がんリスクを上げることになります。まずは新鮮なものを傷まない内に食べて、食材は残さないようにすることを心がければ良いのではないでしょうか。

まとめます。ガンに関しては、現状で種類別にピンポイントの治療法が開発されているものは、驚くほど効果が高いこともありますが、まだ、どんなガンでも治るわけではありません。したがって、現状は予防に努めるべきです。特に「炎症・化生・腺癌連続性仮説」に従えば、慢性的な炎症を避けることが、一番のガン予防になります。

そして、発がん性物質として気にするのなら、一番身近にあって、意外に気にしていないものはカビ毒だということです。菌やカビについては、最初に付けないこと（手や容器、器具の殺菌、しっかり食材を加熱する）、そして増やさないこと（室温で放置しない、保存食の塩分や酢などを減らさない）、できるだけ食材は残さないこと（古くなったら処分する）が基本です。

環境や生活習慣も、ガンの種類に影響するようです。環境が発がんに影響することを示す傍証として、興味深い調査があります。その調査によると、日本人がハワイに移住すると、胃がんのリスクが減るというのです。

しかし、逆に、前立腺がん、乳がん、結腸がん（大腸がんの一種）のリスクは増えるそうです。おそらく、食事を含む生活習慣が、塩分過多の日本型から脂肪過多の欧米型に、変わるせいだろうと思われます。

結局は、昔から言われている養生法と同じです。ストレスをためず、タバコは吸わず、暴飲暴食を避け、バランス良く栄養を摂り、食べ物を粗末にしない。地味ですが、それが、遺伝子を傷つけないコツということになるようですね。

Part Ⅱ

スリリングな遺伝子のはなし

遺伝子検査で分かること

アンジーの手術の理由

二〇一五年三月、女優のアンジェリーナ・ジョリー（アンジー）は、二度目の手術に踏み切ったことを公表しました。しかし、彼女は、病気ではありません。病気になる前に、手術をしたのです。一度目の手術は、二〇一三年に行っています。

彼女が手術をしたことには理由があります。彼女は、遺伝子検査を受けていて、自分の *BRCA1*（乳がん感受性遺伝子Ⅰ）および *BRCA2* という遺伝子が変異しているという検査結果を知っていました。その変異を持つアメリカ人女性は、統計学的に八七パーセントの確率で将来的に乳がんを発症することが予想されていたのです。

さらに、同じ変異を持つと五〇パーセントの確率で卵巣がんになることも分かっていました。そこでアンジーは、一度目の手術で、左右の乳房から乳腺を除去していました。乳腺は、赤ちゃんの飲む母乳を分泌する器官です。

一般に、そうした分泌器官は、タンパク質合成（つまり遺伝子発現）が盛んで、他の器官に比べてガン化する可能性の高い組織です。そして、定期健診で卵巣がんの兆候（炎症）を示す検査結果が出たことをきっかけに、彼女は医師と相談を重ね、卵巣と卵管を摘出する二度目の手術を行いました。

摘出した卵巣には腫瘍が見つかったものの、良性であり初期の発見でもあったため、健康には別状はないということです。ただし、卵巣から分泌されていたホルモンが無くなってしまいましたから、今後は、女性ホルモン補充療法を続けなくてはなりません。いわゆる更年期障害の治療と同じです。

こうした判断について、アンジー自身は、彼女の母親や祖母、そして叔母と、近親者を三人も卵巣がんで亡くしていることが影響していると語っています。おそらく、彼女の持つ*BRCA1*および*BRCA2*遺伝子の変異は、家族性（遺伝する病気の原因）だったのでしょう。ただ、彼女自身が述べているように、遺伝子の変異があれば即手術をしなければいけない、ということではありません。あくまで、彼女にとっての選択肢の一つだったのです。

ちなみに、ここで言う確率が高いとは、平たく言えば病気になりやすいという意味です。生物学的には、浸透度ともいいます。遺伝子に変異があったときに、形質が変わる割合のことで、遺伝子から形質の発現までは複雑な調節を受けますから、遺伝子の変異が形質の変化に反映されない場合もあるのです。疾患に関連する遺伝子の場合、浸透度が高いということは、発症リスクが高いことを意味します。

こういう数字は、ある集団を長期にわたって追跡調査したときの、統計的な結果です（コホート研究といいます）。したがって、ほとんどの場合、海外のデータを日本人に、そのまま当てはめることはできません。同じ人類とはいえ、人種や民族によって、微妙に遺伝子の構成は違います。

したがって、日本人で同じように調査するためには、日本人の集団を対象にしたコホート研究から判断する必要があるでしょう。コホート研究といっても耳慣れない言葉だと思います。例えば「毎日コーヒーを四杯飲む人は、ある病気になりにくい」という報道やテレビ番組があったとしましょう。コーヒーの好きな人が聞けば喜ぶし、コーヒーの苦手な人はがっかりするかもしれません。

しかし、こういう話には、少し気をつけたほうが良いと思います。

なぜならば、このような調査結果は、単に二つの事象に相関関係があることを示しているだけで、因果関係を保証するものではないからです。極端な話、コーヒーを飲んだから、その病気に罹らないのではなく、その病気に罹らない体質の人が、別の理由でコーヒーを好きなだけかもしれないのです。

あるいは、その病気の原因がストレスだったとしたら、毎日コーヒーを四杯飲む時間が取れるほど、余裕のある生活のおかげで罹りにくいだけかもしれません。だとしたら、ストレスフルな人が、原因になるストレスをそのままに、無理してコーヒーを四杯も飲みながら仕事をした結果、かえって健康を害する可能性すらあります。

生理学的なメカニズムが、科学的に実証されていない限りは、こうした話に一喜一憂しないほうが良いのです。

身近になった遺伝子検査

話を戻します。アンジーが受けたような遺伝子検査は、特別なものでは無くなってきていて、最近ではOTC遺伝子検査とも呼ばれます。OTCは、Over The

Counter（カウンター越し）の略で、一般に、処方箋なしに買える医薬品のことをいいます。いわゆる薬局や薬店で買える市販薬のことです。

要するに、ＯＴＣ遺伝子検査は、医者からの指示で行う検査ではなく、民間のサービスということです。こうした敷居の低さは、検査に必要な（消費者側の）手間が、とても少ないことにあります。最もメジャーな方法は、専用の容器に唾を一定量入れて返送するだけです。容器には、試薬が入っていて、唾に含まれている口腔内粘膜細胞の欠片を溶かし、ＤＮＡを保存します（これが試料です）。企業は、返送された試料から、必要な検査を行います。

しかし、一口に、遺伝子検査といっても、遺伝子を検査しているわけではないものも含まれています。例えば、ＯＴＣ遺伝子検査はヒトゲノム計画のように、およそ三一億塩基対もあるヒトの染色体を全てチェックしているわけではありません。

基本的には、特定の遺伝子だけに注目して、さらに、その遺伝子（あるいは周辺の塩基配列）の一部分に変異が有るかを調べているだけなのです。特に、最近の手軽な検査の多くは、一塩基多型（Single Nucleotide Polymorphisms、ＳＮＰｓ）を調べています。ゲノム上には、核酸塩基一個の違いが、数百万個もあります。ＳＮＰ sとは、そうした違いの内、ある集団の中で一パーセント以上の人が共有する変異のことをいいます。

つまり、個人の突然変異ではなく、一定の人数が共通して持つ変異ということですね。要するに、同じ遺伝子の中でも、そうした、部分的な変異のパターンによって、特定の病気になりやすい、あるいは、なりにくい、ということがコホート研究によって統計的に調べられているのです。しかし、前述のように、統計的ということは、あくまで確率に過ぎず、その生理学的なメカニズムが分かっていないこともあります。

また人種や民族によって、同じ変異でも浸透度（変異が形質に反映する確率）が変わります。そうした集団による疾患の違いにも配慮しながら、充分に研究が進展して欲しいところです。

たった一つの核酸塩基が変異しているだけで、そんなに違うものか？　と思う読者がいるかもしれません。ヒトゲノムの七割以上は、直接的に生命維持と関係が無いので、そうした領域の変異なら大丈夫です。

しかし、ピンポイントで遺伝子の中に変異が入ると問題になります。遺伝子は、タンパク質の作り方を指定しています。タンパク質は、アミノ酸の配列で決まっています。そのアミノ酸の配列は、三個一組の核酸塩基（コドン：二六七頁）で指定されます。核酸塩基一個が変われば、コドンが変わります。コドンが変わればアミノ酸の配列が変わるかもしれません。

もしアミノ酸の配列が変われば、タンパク質の形が変わってしまいます。タンパク質が変わってしまえば、生命活動にも影響するでしょう。少しくらいなら変わっても大丈夫なのですが、中には大きな影響を及ぼすものもあります。

実際に、たった一つの核酸塩基が違っただけで致命的な病気になることもあります。少し脅し気味になってしまいましたが、そんな「たった一つの変異」を原因とする病気は多くありません。実際は、一つの病気にも多くの遺伝子が関係しています。メンデルの実験のように、一つの遺伝子で、一つの形質が決まるようなシンプルさは、むしろ例外に近い存在です。

遺伝子検査に取り組む企業

ＯＴＣ遺伝子検査で、有名な企業の一つが、23andMeです。九九ドルで検査してくれることでも話題になりました。創業者の一人アン・ウォージェスキーはエール大学で生物学を学び、卒業後はアメリカ国立衛生研究所（National Institutes of Health、NIH）とカリフォルニア大学サンディエゴ校（UCSD）で分子生物学の研究経験を経て、医療系ベンチャーに投資する企業のコンサルタントをしていた経歴の持ち主です。

二〇〇六年に、23andMeを立ち上げ、翌年には、Googleの共同創業者であり、技術部門担当社長でもあるセルゲイ・ミハイロヴィッチ・ブリンと結婚して、一男一女の母になりましたが、二〇一五年の春に離婚しています。

23andMeは、Googleや様々な方面から巨額の融資を受けていますし、ウォージェスキーとブリンの名前を冠した財団（The Brin Wojcicki Foundation）も解散していません。今のところ、二人が離婚したとはいえ、会社の存続は問題ないようです。

ところが、二〇一三年に、アメリカ食品医薬品局（FDA）から、サービスの販売停止を命令されてしまい、事実上、開店休業状態になってしまいました。ただし、FDAからの販売停止命令以前に購入した顧客には、健康情報以外のサービスを提供していますし、新規の受付も継続しています。そしてＦＤＡも、科学的に因果関係が明確な疾患については、許可を出す方針のようです。二〇一五年二月には難病であるブルーム症候群、二〇一七年四月には、さらに一〇種類の疾患〈遅発性アルツハイマー病、パーキンソン病、セリアック病、遺伝性血栓性素因〈先天性トロンボフィリア〉、α1－アンチトリプシン欠乏症、グルコース－６－リン酸デヒドロゲナーゼ欠乏症、遺伝性ジストニア、第XI因子欠乏症、ゴーシェ病、遺伝性ヘモクロマトーシス〉を承認し、二〇一八年三月には、この節の冒頭でご紹介した乳がん／卵巣がん〈*BRCA* 遺伝子の変異〉も加わりました。ただし、ＦＤＡは、「遺伝子検査は、疾患の遺伝リスクを示すものであって、医師の診断に類するものを承認したわけではない」と強調しています。

実は、23andMeを含め、雨後の筍（たけのこ）のように乱立したＯＴＣ遺伝子検査企業でしたが、遺伝的な疾患の発症リスクを医療機関以外が評価することへの懸念から、許認可の基準が厳しくなったため、アメリカでは、ほとんどの企業が店を畳んでしまいました。発症リスクを医療機関以外が評価することに、どのような懸念があるのでしょう。

こうした簡易的な検査（特にＳＮＰｓ）は、あくまで確率的な評価に過ぎないからです。あるＳＮＰｓの変異を持つ人の八割が、ある病気に罹るとしても、二割の人は、その病気に罹らないわけです。

しかも、そのＳＮＰｓの変異を持っていない人に、同じ病気のリスクがゼロというわけではありません。本来、疾患に関係する遺伝子は一つではないことが多く、どの遺伝子が、どのように関係するのか、分かっていることのほうが少ないのが現状です。

したがって、医師が診断するときの参考にはなっても、ＳＮＰｓのデータを確定的には扱えないのです。そうした専門的な診断を受けずに、確率的なデータ一つだけで、消費者に判断させることは、社会的に危険だと判断されても仕方がありません。

口の悪い人たちからは、こうしたＯＴＣ遺伝子検査は、御神籤（おみくじ）や怪しい健康食品と変わらない、と揶揄（やゆ）されています。実際に、日本の企業の多くは、肥満や薄毛など、簡易的な検査を通じて、健康食品などを購入してもらう入り口としか考えていないように見えます。Ｗｅｂ上の宣伝を見る限り、何の遺伝子を調べているのか分

◆SNPsの例：アルデヒド脱水素酵素

お酒に強い人のALD2遺伝子	ATACACT [G] AAGTGAA

たった１カ所が違うだけ

お酒に弱い人のALD2遺伝子	ATACACT [A] AAGTGAA

◆SNPsの検出法の例：PCR法（157頁）に工夫して、検出

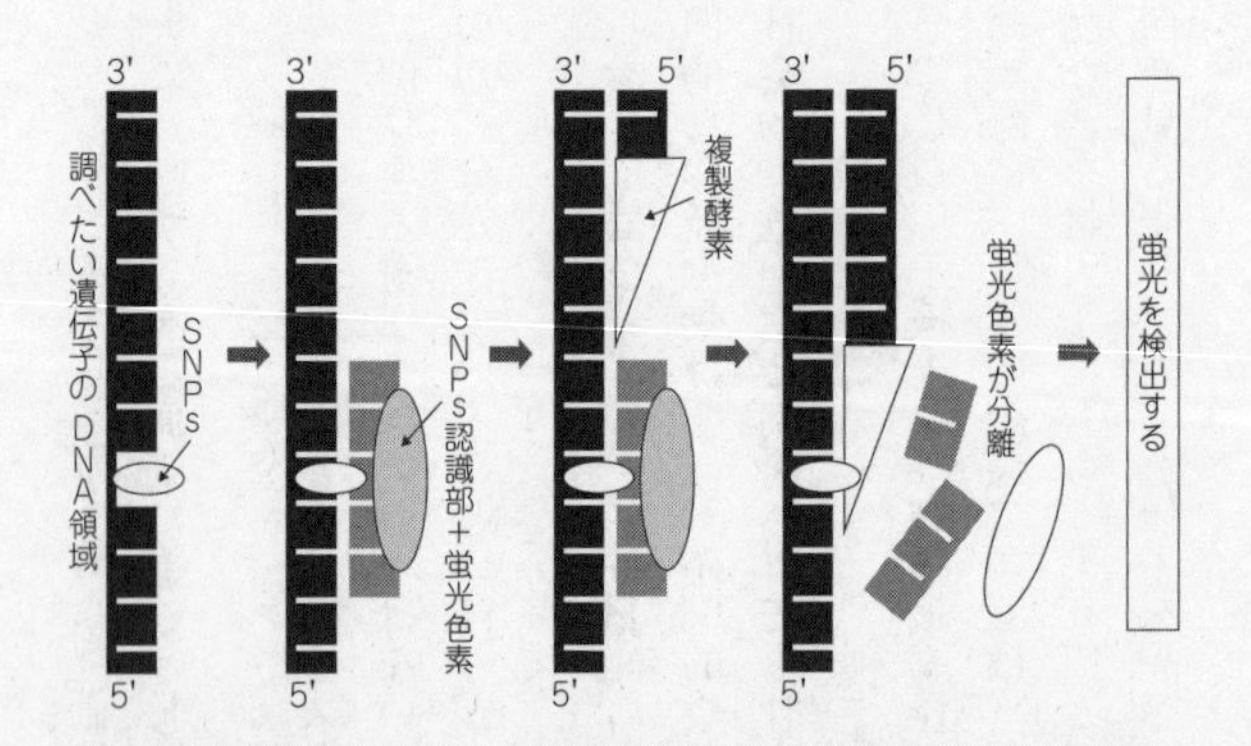

PCR法を行うとき、SNPsのある領域と相補的なDNA断片に蛍光色素を結合した試薬を混ぜておくと、SNPsがあれば、蛍光を検出できる。DNAには3'末端と5'末端があり、複製酵素は3'から5'方向にしかDNAを合成できない。

からないこともあります。

個人的には、検査で何が分かるのかを把握していれば、そうしたサービスは、お遊びとしてあってもいいかなとは思いますが、消費者側にも、少し勉強が必要でしょう。総じて、今のところ、民間のサービスは、医学のレベルではなく、興味本位のレベルを超えるものではないようです。本格的な普及が始まるのであれば、日本でも医療機関との連携を模索するべきではないかと思います。

遺伝子検査の気軽さは、検査費用が安くなったこともあるでしょう。それは、DNAをPCR法で増幅することが容易になり（一五七頁）、DNAチップと呼ばれる解析法で、目的とする遺伝子の有無を調べることが簡単になったからです。ちなみに、DNAチップとは、ハイブリダイゼーション（相補的なDNAが結合することを利用した解析法）を応用して開発された、既知遺伝子の検出法です。

今後、DNAの塩基配列を読み取る装置であるDNAシーケンサーの性能が上がり、バイオインフォマティクス（生物情報学：一五〇頁）が進めば、三一億塩基対の全てを読み、目的の遺伝子を周辺の塩基配列まで含めてデータ化し、もっと精密な診断ができるようになるでしょう。

遺伝子検査の未来

ただし、現時点では、あくまで一個の遺伝子の変異で病気の説明がつくことは稀であり、普通は複数の要因が複雑に関係していて、全てを説明するには研究が足りません。したがって、検査結果は、あくまで発症リスク（確率）です。しかも、SNPsの変異だけでは、病気によって予測の精度が高くないこともあります。そもそも、病気というのは、遺伝的なものだけでなく、環境にも依存します。そして、その割合は、個人差が大きく、一律に判断できるほどのデータは、まだありません。もちろん、これからの研究次第で、予測の精度は上がるでしょう。

遺伝子検査に期待されることは、病気の発症リスクだけではありません。病気の確定診断や、治療薬に対する感受性（効果や副作用）、出生前診断と多岐にわたります。こうした高度なプライバシーとしての遺伝情報の管理も、今後一層、重要な社会問題になってくるでしょう。慎重に取り組んでいかなくてはいけません。

このような限界を踏まえた上で、今後も、この分野の進展からは目が離せません。

遺伝子治療の現在

ある青年の死

一九九九年の九月、アメリカの青年ジェシー・ゲルシンガー君は、十八年の短い生涯を閉じました。彼は、世界で初めて、遺伝子治療の失敗で亡くなった患者でした。

彼の病気は、オルニチントランスカルバミラーゼ（ＯＴＣ）欠損症という、先天性の（生まれながらの）疾患です。日本でも難病に指定されていて、有病率は一万四〇〇〇人に一人と考えられています。

ＯＴＣは、有毒なアンモニアを無毒な尿素に代謝する酵素の仲間で、肝臓で働きます。ＯＴＣ欠損症の患者さんは、ＯＴＣを作る遺伝子に異常があるため、体内にＯＴＣがありません。したがって、血中のアンモニア濃度が高くなり、重篤な場合は、脳に障害をもたらすこともあります。

今のところ、根治療法はなく、極端に低タンパク質な食事制限と、投薬による対症療法しかありません。食事制限は、とても厳しく不自由なものです。たった半分のホットドッグが、ご馳走だというのですから、ティーンエイジャーのゲルシンガー君には辛かったでしょう。

しかも、一日に三二粒もの薬を服用しなければなりませんでした。そうはいっても、彼は、すぐに亡くなる状態ではありませんでした。より正確には、ゲルシンガー君の受けた遺伝子治療は、治験ボランティアで、彼自身も治ればラッキーくらいに考えていたようです。

ゲルシンガー君の前には、一七人が同じ治験に参加していました。もちろん、ゲルシンガー君も危険性は理解していました。しかし、最悪の事態を覚悟してでも治験に参加したのは、自分と同じ病気を持って生まれてくる他の赤ちゃんの役に立ちたかったからだと、友人には伝えていました。

少し話を遡りましょう。

そもそも、遺伝子治療のアイデアは、一九七〇年代に生まれました。分子生物学の発展から、遺伝子組換えの技術が確立され、遺伝子工学が進んできた時代です。

実際には、微生物を操作するレベルから実験動物レベルまでには、相当の違いがありましたし、ましてやヒトの医療に応用するとなると、安全性への懸念を解消するために膨大な量の研究が必要なことは、想像に難くありません。

そんな中、アメリカで、先天性の免疫不全症の一種であるアデノシンデアミナーゼ（ＡＤＡ）欠損症に対する遺伝子治療が成功しました。一九九〇年九月のことです。

ＡＤＡは、核酸塩基の一つであるアデノシンを分解する酵素です。アデノシンは、生体内の化学反応に用いられる高エネルギー分子であるアデノシン三リン酸（ＡＴＰ）の材料ですが、必要以上に濃度が高まると、細胞にとって毒になる分子でもあるのです。特に未熟なリンパ球は影響を受けやすいため、ＡＤＡ欠損症の患者さんはリンパ球の数が少なくなり、免疫不全に陥ります。

厳密には、ＡＤＡ欠損症の遺伝子治療効果は不完全でしたが、世界初の遺伝子治療成功例でした。治療を受けたアシャンティ・デシルバ（Ashanti DeSilva）ちゃんは当時まだ四歳、彼女の四カ月後に治療を受けたシンディ・キシク（Cindy Kisik）ちゃんは当時十歳でした。治療効果が不完全というのは、遺伝子治療後も酵素補充療法を続けなくてはいけなかったからです。

しかし、無菌室から出ることができ、家族と生活し、友達と学校に通えるようになったのですから、治療効果はあったと評価するべきでしょう。二〇一三年には、アメリカの免疫不全症財団（Immune Deficiency Foundation、ＩＤＦ）の年次大会に招待され、二人揃って元気な姿を見せてくれました。同様の治療は、一九九五年に日本でも成功しています。

遺伝子治療とは……

基本的な遺伝子治療の発想は、正常なタンパク質（多くは酵素）が合成できない変異した遺伝子に代わって、外来遺伝子を導入し、必要なタンパク質を作らせることです。複数の遺伝子が関係する疾病（しっぺい）は、発症メカニズムが複雑なので、現状では、病因となる遺伝子が一つだけと判明している疾病を対象にすることが、ほとんどです。

前述したＡＤＡ欠損症しかり、ＯＴＣ欠損症しかり、一つの酵素が失活しているために発症します。したがって、原理的には、正常に活性化した酵素を作る遺伝子

◆遺伝子治療＝遺伝子導入

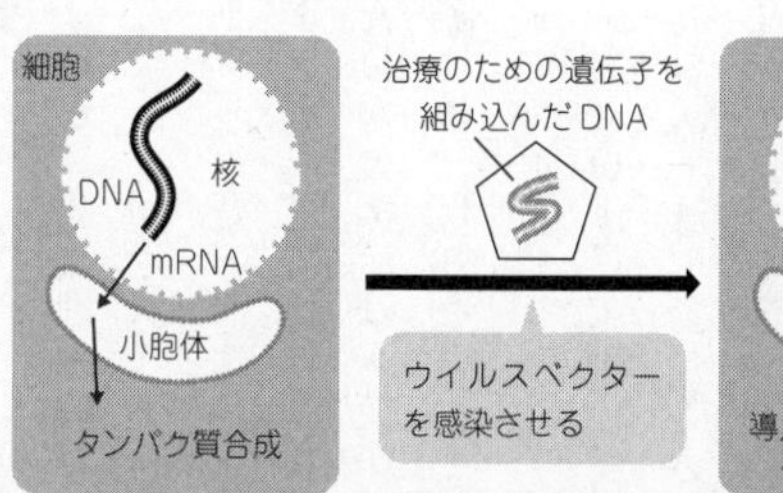

遺伝子が機能しないことで起きる疾患の治療に、外部から正常な遺伝子を導入する。毒性を発揮する遺伝子を削ったウイルスに必要な遺伝子を組み込んで、患者に感染させると、正しいタンパク質が作られるようになる。

が発現すれば、病態は改善するはずです。そのために、必要な遺伝子を細胞に運び込むものが、ベクターです（一五五頁）。

遺伝子治療では、ベクターとして、無毒化したウイルスを主に使います。ウイルス性の疾病では、ウイルスが持ち込んだウイルスの染色体によって、宿主細胞内でウイルスが自己増殖し、宿主細胞が破壊されます。そこで、遺伝子組換え技術によって、ウイルスの染色体から、ウイルスの自己増殖に関する遺伝子を切り取り、遺伝子治療のために運び込みたい遺伝子を挿入しておきます。

すると、ウイルスの感染力によって、目的の遺伝子が宿主細胞内に運び込まれて、正常な酵素が作られるわけです。

では、なぜアシャンティちゃんは成功して、ゲルシンガー君は命を落としたのでしょうか。その理由は、遺伝子治療の原理的な問題ではなく、方法の未熟さと病態（病気の性質）にありました。ＡＤＡ欠損症の治療対象は、造血幹細胞（リンパ球は白血球に分類されます）ですから、自分の骨髄から体外に分離した造血幹細胞にベクターを混ぜて、骨髄移植と同じように戻します。

ＡＤＡ欠損症は、僅（わず）かでもＡＤＡ活性が上がれば、かなりの回復が見込めます。実際には、足りない分を酵素補充療法で補う必要はあるのですが、それでも無菌室で過ごす必要はなくなるのです。

一方、ＯＴＣ欠損症の場合は、肝細胞が治療対象になるので、ベクターを肝臓に直接注入しました。しかし、ベクター（ウイルス）に感染した肝細胞を免疫が攻撃して破砕してしまったのです。

ゲルシンガー君の前に治療を受けた一七人にも同じことが起きていたはずですが、ゲルシンガー君の免疫反応が強すぎたのでしょう（ベクターの量が、彼にとって多すぎたという分析や、無理な実験だったという批判もあります）。

壊れた肝細胞からは、血中に大量のタンパク質が流出しました。ＯＴＣ欠損症は、タンパク質を代謝できない病気です。そのため血中のアンモニア濃度が急激に上昇し、亡くなったのだろうと推測されます。遺伝子治療の原理的な問題が理由ではない、というのは、そういう意味です。

しかし、その後、別の病気に対する遺伝子治療でも、死亡例が何例か出てしまいました。それらは、遺伝子の導入された染色体の部位が悪く、正常な遺伝子配列に割り込んだため、細胞がガン化したことが原因です。

これは、遺伝子治療の原理的な問題に関係していました。基本的に、外来遺伝子の導入は、確率的なものです。染色体へ挿入されるのもランダムでした。最近は「ゲノム編集（二五七頁）」という技術が開発されて、昔よりは狙えるようになりましたが、基本的には、狙った染色体部位に挿入する技術ではないのです。

つまり、遺伝子治療の安全性を高めるには、ベクターを改善する必要がありました。最近は、より安全なベクターが開発されています。普段から、私たちが何度も感染しているウイルスを使うことで、ウイルス感染が何か別の悪い作用を及ぼすことの無いようにしています。もちろん、何重にも試験を行って、安全性を確認しなくてはいけませんが。

再生医療とｉＰＳ細胞

最近、期待されている遺伝子治療のターゲットは、ガンです。ガンに対する遺伝子治療には、大きく二パターンあります。一つは、ガン遺伝子を正常化すること、もう一つは、ガン細胞がアポトーシス（後述）するように遺伝子発現を誘導することです。

ガン遺伝子は、名前が紛らわしいのですが、普段はガン化を抑えている遺伝子のことです。何かの拍子に変異して、細胞がガン化してしまうときに機能が低下したり、逆に過剰に機能する遺伝子のことです。したがって、こうしたガン遺伝子をターゲットに正常化するわけです。最近、注目を集めているのがマイクロＲＮＡ（ｍｉＲＮＡ）です（二七三頁）。ｍｉＲＮＡの働きの異常が、一部のガンの原因という研究があるので、ｍｉＲＮＡを正常化することも治療のターゲットになります。

通常ならば、おかしくなった細胞は自ら活動を停止し、分解されます。これを「アポトーシス」といいます。プログラムされた細胞死、細胞の自殺とも形容されますが、発生の段階で身体の形を作るときにも必要な、細胞の機能の一つです。老化したり、傷害を受けたりして、回復が見込めない細胞も、アポトーシスが誘導されるのですが、これが上手くいかないとガン化することがあります。

そこで、二つ目のターゲットですが、ガン化した細胞にアポトーシスをするための遺伝子を導入します。これは現在、多くの治験が進んでいるところです。一部の白血病にも、効果があることが示されています。

また、ガン以外では、網膜色素変性症の一部で、原因遺伝子の分かっているものについても、治験が進んでいます。網膜色素変性症と聞いて、日本で行われたｉＰＳ細胞の臨床応用のニュースを思い出した読者もいるかもしれません。これは、ｉＰＳ細胞から作られた臓器移植として、日本で実施された世界初の快挙でした。もちろん今のところ問題は起きていないようです。

厳密な意味では遺伝子治療ではありませんが、遺伝子工学に期待される医療として注目されるのが、再生医療でしょう。そこで、本項でも、簡単に再生医療に触れておきたいと思います。

再生医療の目指す先の一つに、臓器作成技術の開発があります。要するに患者さんに移植するための臓器を人工的に作るわけです。もちろん機械製の人工臓器開発も進んではいますが、本項では、いわゆるウェットな（培養細胞から作る）人工臓器の解説に留めます。

再生医療で、iPS細胞に注目が集まる理由の一つは、移植臓器を患者さんと同じゲノムの細胞で作るので、原理上、自家移植と同じだからです。いわゆるクローンなので、臓器移植の拒絶反応を避けられます。したがって、免疫抑制剤を一生投与し続ける必要が無く、患者さんのQOL(Quality Of Life:生活の質)を上げられます。また、iPS細胞は、「多能性」の名の通り、様々な臓器の細胞に誘導できることも魅力です。

ただし、現時点では、細胞レベルの分化に留まり、自由に臓器を構築することまではできていません。今のところ、皮膚のようなシート状の臓器は、再現しやすいようです。先に述べた、網膜色素変性症の場合も、網膜という平たい層状の組織なので、比較的、作りやすかったということはあります。実際の臓器は、多様な種類の細胞が、秩序だった立体構造を維持し、中には血管網や分泌管を配しています。世界中の科学者は、これを自由にコントロールしようと、模索しているところなのです。3Dプリンターと細胞培養を組み合わせる研究も進んでいます。

今のところ、臓器一個を体外で作ることはできません。しかし、不思議なことに、臓器の素になる細胞のカタマリを体内に移植すると、何と、臓器にまで成長させることができます。そこから、人間の代わりに、動物に臓器を作ってもらう臓器牧場のアイデアが生まれました。

もちろん、まだ実用段階には遠く、地道に研究が進められている段階です。ちなみに臓器を作ってもらう動物としては、ブタの利用が考えられています。なぜならば、ブタの内臓は、生理学的機能あるいは解剖学的大きさが、ヒトと似ているからです。

普通のブタにヒトの臓器を作らせたり、逆にブタの臓器を人に移植したりすると、酷い拒絶反応が起きます。そこで、ヒトの細胞からできた臓器を持つ、キメラブタを作る実験が進んでいます。キメラとは、異なる遺伝情報（ゲノム）を持つ細胞が混在している個体のことです（四五頁）。具体的には、免疫不全かつ目的の臓器を作る遺伝子がノックアウトされたブタ胚を作ります。この胚を発生させるときに、ヒトの細胞を混ぜておくのです。すると、発生するブタの身体の中で、ノックアウトされた臓器を補う形で、ヒトの臓器ができあがるというわけです。

同じような実験が、マウスを使って成功しているので、もう少し研究が進めば、ブタでもできるようになるのではないでしょうか。現在は、免疫不全ブタを含めた遺伝子改変ブタが開発され、研究が進められています。

最後に、遺伝子治療に関して、巷間（こうかん）に出回っている問題についても、触れておきます。一部の開業医の中には、さも効果があるかのように新しい治療を喧伝していることがあります。もちろん、そうした治療は自費診療で、高額なことが多いです。

ここまで読まれた読者の方は理解されていると思いますが、現時点で、遺伝子治療や再生医療と呼ばれるものは、あくまで実験室レベルのお話で、効果や安全性などを確認できたものは、ほんの僅かに過ぎません。

しかも、誰にでも効果があるかのように喧伝することには問題があります。案の定、効果が現れなくて訴訟が起こされることもあるようです。もちろん、自費診療の全てを批判するものではないので、誤解されないように願います。

ことは命に関わります。患者さんやご家族の方には、冷静かつ科学的に判断されることを願ってやみません。

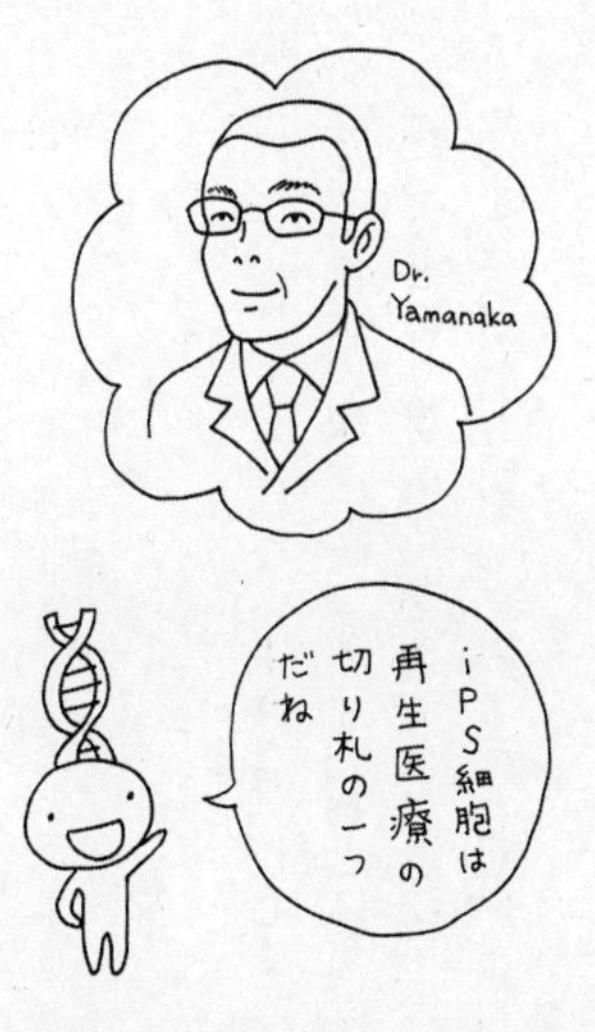
Dr. Yamanaka
iPS細胞は
再生医療の
切り札の一つ
だね

ウイルスのはなし

ウイルスは生命なのか？

何が怖いといって、ふいに流行する病気ほど、怖いものはないような気がします。人類と病気の闘いは、これだけ科学の発達した世の中でも、まだまだ終わる気配はありません。病気の原因になるものには色々とありますが、本項では、遺伝子に直接関係ある病原体として、ウイルスに的を絞ったお話をしてみようと思います。

実は、ウイルスが生命体と呼べるか否かについては、議論のあるところです。というのも、ウイルスは、自分自身で独立しては存在できないからです。では、どのようにしてウイルスが存在しているのかというと、他の細胞の中に侵入して、侵入した先の細胞小器官を利用するのです。

ウイルスが、細胞に侵入することを「感染」といいます。しかし、ウイルスは、どんな細胞にでも感染するわけではありません。各ウイルスには、自分にとって都合の良い感染相手となる細胞が決まっています。それこそ、どの種の、どの器官の細胞か、という好みの細かさです。例えば、バクテリオファージと呼ばれるウイルスは、細菌に感染しますが、種類によって感染する細菌が違います。

ところが、異なる種にまたがって感染するウイルスもいます。これが、いわゆる病原性ウイルスであることが多いので困り者です。例えば、インフルエンザウイルスです。インフルエンザウイルスは、ブタと水鳥と人間の間で感染します。より正確には、水鳥とブタ、ブタと人間の間で共通感染するといわれています。水鳥にとってのインフルエンザウイルスは、それほど酷い病気ではありません。それが突然変異して、人間にも感染するようになったと考えられています。

インフルエンザは、毎年、流行します。感染症の予防にはワクチン療法がありますが、インフルエンザウイルスは突然変異が早くて、ヒトの免疫機能が追いつかないのです。突然変異が早い理由は、ブタと水鳥と人間の間で起きる共通感染にあります。

実は、鳥インフルエンザとヒトインフルエンザが、ブタに同時感染すると、二つ

◆インフルエンザウイルスが感染するメカニズム

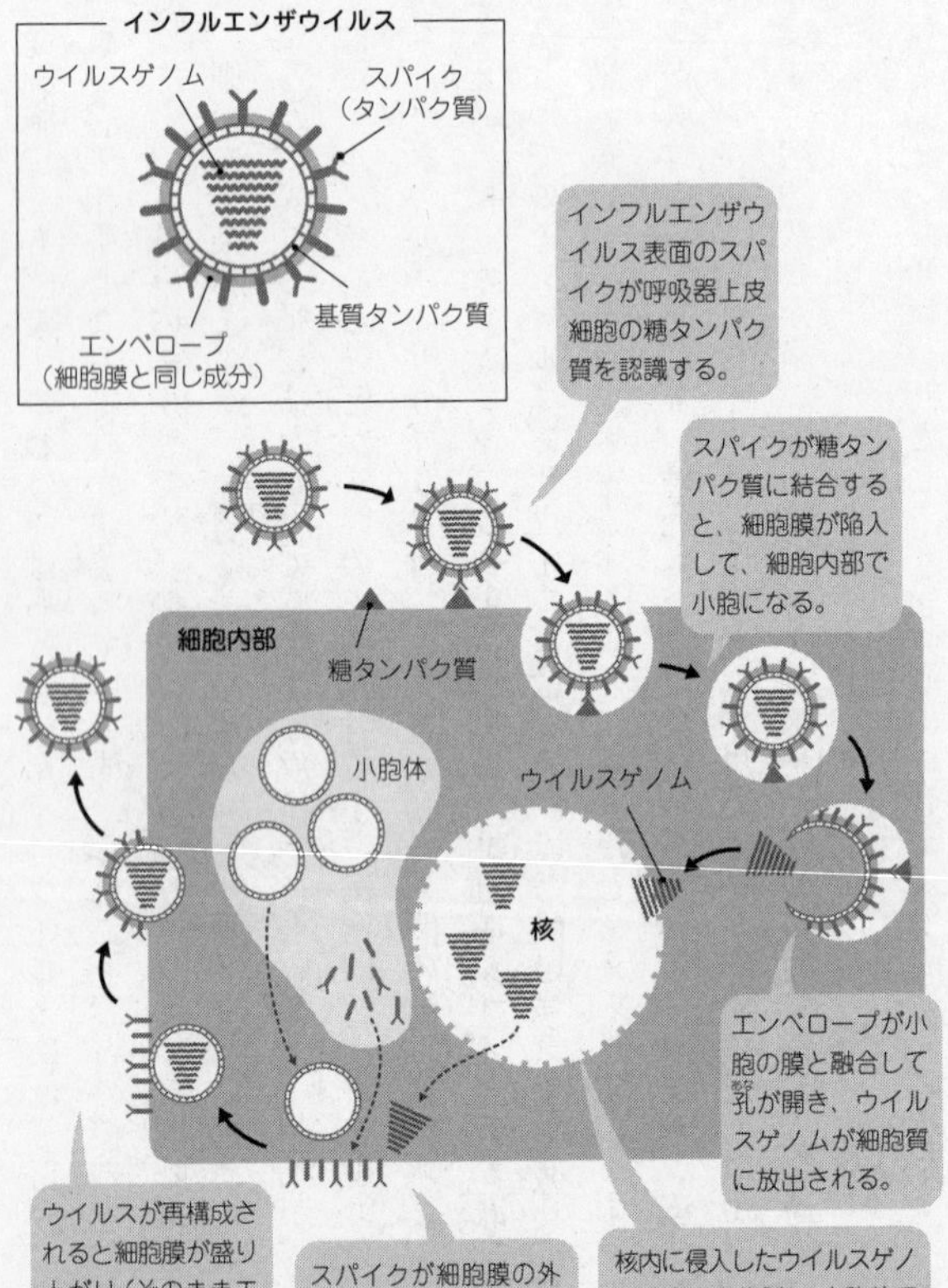

のウイルスの遺伝情報がブタの中で混ぜ合わされるのです。これは、一種の遺伝子組換えです。インフルエンザは単体でも突然変異しやすいウイルスなのですが、二種類のウイルス遺伝子の攪拌（かくはん）が、さらに突然変異を早めているのです。

　ウイルスは、カプシドと呼ばれるタンパク質の殻に包まれた遺伝情報（核酸）のカタマリです。核酸にはデオキシリボ核酸（ＤＮＡ）とリボ核酸（ＲＮＡ）がありますが、大きく分けると、ウイルスの遺伝情報は、どちらか一方を使います。Ｂ型肝炎ウイルスのように、ＤＮＡウイルスでありながら、感染した細胞内で、一旦、自身をＲＮＡ化する例外もありますが、極めて稀です。

　疾患の原因になるウイルスは、どれも怖いのですが、特にＲＮＡウイルスは突然変異が早いことが特徴です。たとえば、先ほど紹介したインフルエンザウイルスや、近年、不気味な流行を見せる新型コロナウイルスも、ＲＮＡウイルスです。

　元々、コロナウイルスは、ありふれた風邪の病原体で、これまでに四種類ほどが知られていました。しかし、二〇〇二年に中国の広東省で報告された重症急性呼吸器症候群の原因であるＳＡＲＳコロナウイルス、二〇一二年にサウジアラビアで報告された中東呼吸器症候群の原因であるＭＥＲＳコロナウイルス、そして二〇一九年の中国湖北省武漢市に端を発する新型コロナウイルス感染症の原因であるSARSコロナウイルス－2という三種類の新型は、重篤な肺炎を引き起こすウイルスでした。それぞれ動物に感染するコロナウイルスが突然変異したと考えられています。SARSとMERSは、局地的な流行に留めることができたのですが、三番目の新型コロナウイルス感染症については、パンデミック（世界的な感染症の流行）となり、二〇二〇年五月の時点で、終息の目途は立っていません。急ぎ、ワクチンの開発が期待されるところです。そして現在、地球上で最も恐ろしい病気の一つ、エボラ出血熱の原因であるエボラウイルスもRNAウイルスです。エボラウイルスは感染力や致死率が高く、研究する場合は、バイオセーフティレベル（一七〇頁）の最も厳重なBSL－4で行う必要があります。

エボラ出血熱とHIV

エボラ出血熱は、一九七六年に、中部アフリカのコンゴ民主共和国で、ウイルスが発見されて以来、たびたび中部アフリカで流行を繰り返していました。

ところが、二〇一三年十二月に始まった流行は、西アフリカのギニアで起こりました。その後、国境を越えてシエラレオネとリベリアに広がり、ナイジェリアやセネガルでも感染者が見つかるに至りました。幸いにもナイジェリアとセネガルでは封じ込めに成功したのですが、前三カ国では、合わせて一万人以上の死者を出す大流行となったのです。ようやくギニアとリベリアで終息が宣言されたのは、二〇一六年六月でした。しかし、二〇一八年から、またしてもコンゴで大流行しました。後述する抗ウイルス薬やワクチンの開発が進み、この流行は二〇二〇年三月末には終息する見込み……だったのですが、新たに感染者が出たことで終息宣言を見送ることになりました。さらに、泣きっ面に蜂とばかりに、新型コロナウイルスがアフリカにも襲いかかっています。

ＲＮＡウイルスの仲間に、レトロウイルスと呼ばれるグループがいます。レトロウイルスは、「逆転写」という現象を使って、感染した細胞のＤＮＡに自分を潜り込ませる特殊なウイルスです。通常、遺伝子の発現から形質までの情報の流れは、次のようになります（一二一頁の図参照）。まず、ＤＮＡからＲＮＡが読み出されます（転写）。そして、ＲＮＡからタンパク質が合成されます（翻訳）。つまり、逆転写とは、ＲＮＡからＤＮＡへ、逆向きに遺伝情報が移動することをいうのです。

人間に感染するレトロウイルスの仲間には、感染した細胞に腫瘍（特に肉腫）を起こすものや、免疫細胞を破壊するものがあります。最も有名なレトロウイルスは、ヒト免疫不全ウイルス（HIV）でしょう。

HIVは、後天性免疫不全症候群、いわゆるエイズ（AIDS）の原因になるウイルスです。ヒトのリンパ球の一種であるヘルパーT細胞（免疫機能の司令塔）に感染して破壊するので、免疫力を極端に弱らせてしまいます。その結果、普段なら罹らないような感染力の弱い細菌にまで冒されてしまうのです（日和見感染）。

レトロウイルスは、感染した直後は細胞のDNAに自分を潜り込ませて沈黙し、何かの拍子に活性化して複製を始め、感染した細胞を壊します。HIVは免疫細胞を破壊するだけに、ワクチンの開発が難しいのですが、最近は良い薬（抗ウイルス薬）もできてきました。完治とはいきませんが、普通に日常生活を送ることができるほどには症状を抑えることができるようになっています。

一般に抗ウイルス薬は、ウイルスの種類によって用いる薬の組み合わせが違います。ところが、広範囲のRNAウイルスに対して効果のある新薬が登場しました。ファビピラビルといって、富山大学の白木公康教授と富山化学工業（現・富士フイ

◆逆転写について

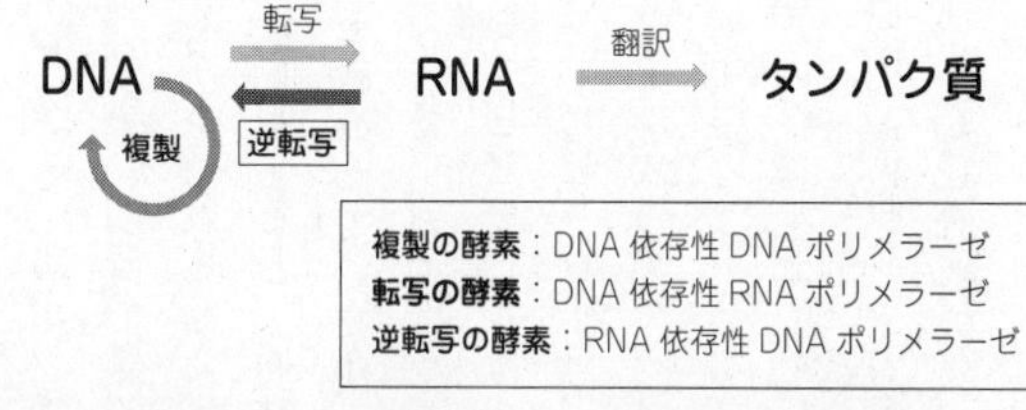

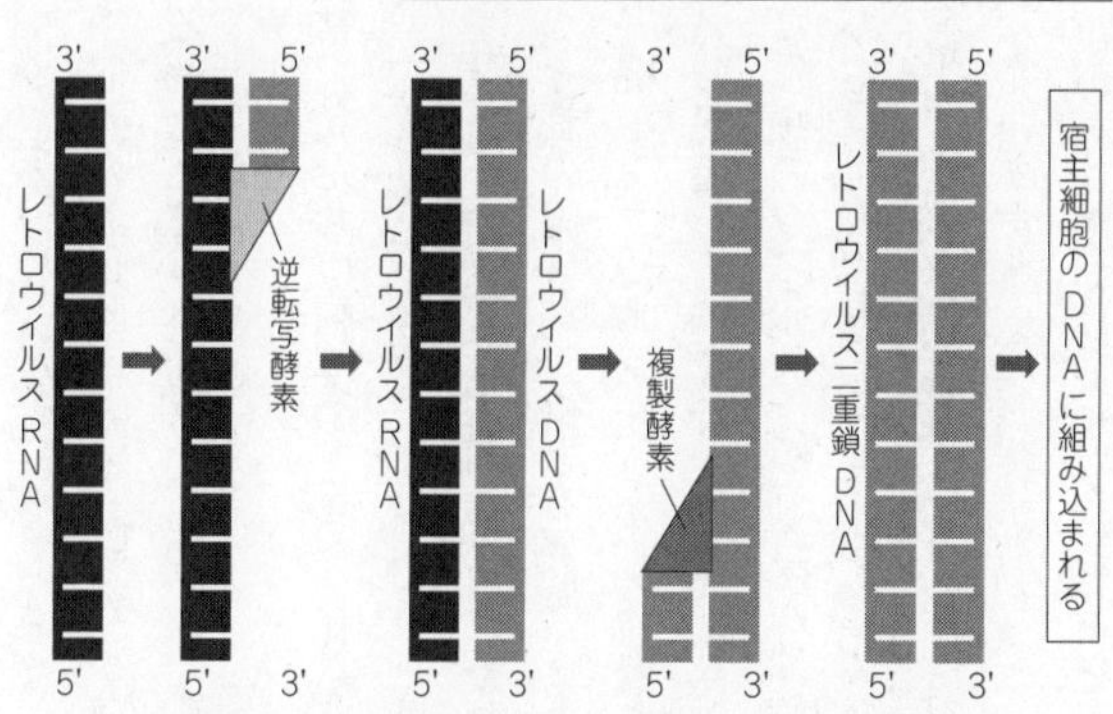

レトロウイルスは、感染すると逆転写酵素によって自分の相補的なDNAを合成する。その後、宿主細胞のシステムを使って二重鎖 DNA になり、特殊な酵素を使って宿主DNAの中に自分を組み込む。DNAやRNAは3' 末端と5' 末端を持ち、二重鎖になるとき、互い違いになる。

ルム富山化学株式会社）の開発したRNA依存性RNAポリメラーゼ阻害剤です（商品名：アビガン）。エボラ出血熱の流行時に、そして新型コロナウイルスのパンデミックで、効果の期待できる薬としてニュースにもなったので、聞いたことのある読者もいるかもしれません。

　簡単に説明すると、通常、私たちは転写のときにDNAを鋳型（いがた）にして相補的なmRNAを合成しています。「RNA依存性」とは「RNAを鋳型にする」という意味で、「RNAポリメラーゼ」は「鋳型と相補的なRNAを合成する酵素」のことです。ファビピラビルは、それの阻害剤（働きを邪魔する薬）なのです。

　元々ファビピラビルは、抗インフルエンザウイルス薬として開発されましたが、RNAウイルスの突然変異と関係なく、RNA依存性RNAポリメラーゼを利用するウイルスならば、どんな種類のウイルスにも効果が期待できます。事実、インフルエンザウイルスはもちろん、前述したエボラウイルスの他に、ノロウイルス（食中毒の原因）に対しても効果が確認され、二〇二〇年四月時点で、新型コロナウイルスに対しても治験が進んでいます。

　しかし、一つ大きな問題がありました。ファビピラビルには、催奇性（胎児に奇形が生じること）があったのです。したがって、妊婦さんや妊娠の可能性がある女性には使用できません。男性も、薬効成分が精液に含まれてしまうため、投与期間中はもちろんのこと、投与を中止してからも一週間は避妊しなければいけません。

実は、微量ですが、ヒトにもＲＮＡ依存性ＲＮＡポリメラーゼがあったのです。どうやら、細胞内の遺伝子発現調節に働いているようです。そういう事情もあり、ファビピラビルは認可されているのですが、「従来の抗ウイルス薬で効かないインフルエンザが流行しそうなとき」にしか製造されません。いわばパンデミックに備えた危機管理用の薬で、平時に市場には出回りません。

天然痘と人類の闘い

感染症は、一度広まってしまうと、とんでもないことになってしまいます。人類は、これまでに幾度となく、感染症のパンデミックに苦しめられてきました。そんな中、ヒトに感染する病気としては、唯一、完全に地上から根絶させることに成功した感染症があります。それは天然痘です。天然痘は、古くから知られていた病気で、最古の記録は、ヒッタイトとエジプトの戦争の頃（紀元前一三五〇年）だそうです。

天然痘で死亡したことが確認された最古の人類は、エジプト王朝のファラオ、ラムセス五世です（紀元前一一〇〇年代）。ミイラに、天然痘の痕跡が残っているそうです。ヨーロッパでも天然痘には、ずいぶん悩まされてきました。

例えばローマ帝国では、一六五年に天然痘で三五〇万人が死亡したと言われています。実際、感染して治癒した者を含めると、ほとんどの中世ヨーロッパ人が天然痘を経験していたと考えられています。

余談ですが、中世の貴族は、多くの肖像画を残しています。ルネサンス期に活躍した肖像画家の間では、暗黙の了解があったそうですが、読者の皆さんは、それが何だか分かるでしょうか？

答えは「顔の痘痕（あばた）は描かないこと」です。今で言うところの、コンピューターによる画像補正みたいなものですね。天然痘の特徴は、痘痕という肌のデコボコで、回復しても痕（あと）が残ります。つまり、天然痘は、それくらい社会にありふれていたのです。

天然痘と人類の闘いは、紀元前から続いていたわけですが、負けてばかりというわけではありません。病気に対する免疫反応は、昔から知られていました。一度罹って回復した病気には二度罹らない、あるいは罹っても軽くて済むという経験則です。

これをきっちりと、近代医学的な治療法として確立したのは十八世紀のことでした。エドワード・ジェンナーが、「種痘法（ワクチン）」を開発したのです。天然痘は空気感染するほど感染力が強く、死亡率も二〇～五〇パーセントと高いのですが、回復すると二度は罹りません。そのため、症状の軽い病人から、わざと感染する方法が取られていました。

しかし、これは、死亡率が二パーセントほどもある危険な方法でした。実は、家畜（牛、馬、ブタ）にも、似たような痘痕ができる弱い病気があります。しかもヒトにも感染し、家畜の世話をする使用人が、よく罹っていました。しかし、症状は軽く、すぐに回復しますし、その後は天然痘に罹らなくなるというのです。

ジェンナーは、十八年にわたって家畜や患者を観察し続け、この家畜の病気は、天然痘と親戚のようなもので、かつヒトにとって症状の軽い病気であることを確信しました。初期の実験では、子供に、豚痘（とんとう）から採取した膿（うみ）で種痘を行っています。

このときは天然痘の予防に成功しているのですが、成績が安定していませんでした。

それを改良して、自分の家の使用人の息子ジェームズ・フィップスに、牛痘(ぎゅうとう)を使った方法を試したのが、完成した種痘法の第一例になりました（一七九六年）。現在の倫理的な観点からは、人体実験と言われても仕方がない面もありますが、とても慎重に実験を行っていたことは窺(うかが)えます（今で言うインフォームド・コンセントは得ていたようです）。

二年後、数多くの症例を論文にまとめ、イギリス科学界の頂点である王立協会に投稿しますが、相手にされませんでした。そこで、友人のアドバイスで、論文を自費出版すると、ジェンナーの種痘法は、瞬く間にヨーロッパ中に広まりました。しかし、種痘法に対する批判の声もありました。「牛の汁を体内に入れると角と尻尾が生えてくる」といった迷信もあったそうですが「神様が乗った牛の聖なる汁だ」と諭(さと)した話が残っています。

一方で、医者からの「種痘は効果が無い」という非難にも、応えています。そもそも酪農家や畜産農家でもなければ、牛痘を正しく見分けることなどできません。

そこでジェンナーは、論文の続編を出版して、正しい種痘の方法を伝えました。さらに研究を続け、多くの症例を追加報告しました。こうしたジェンナーの地道な努力によって、天然痘の猛威は弱まったのです。

ナポレオンの一言

ジェンナーは、決して種痘法で儲けようとはしませんでした。そして、ジェンナーは、あくまで自分をイギリスの片田舎の医師に過ぎないと考えていました。しかし、これほど世界に影響力のある「片田舎の医師」もいなかったでしょう。

当時は十九世紀になったばかり。フランス革命後、落ち着く間もなく、新たにヨーロッパで戦乱が起きます。このときフランスで権力を掌握していたのが、有名なナポレオン・ボナパルト（ナポレオン一世）でした。

戦時中のことですから、敵国人がうかつに移動するとスパイ容疑で拘束されることも当たり前にありました。ジェンナーの友人である英国人科学者二名も、学術目的での旅行中に仏軍の捕虜になっています。このときジェンナーは、直接ナポレオン宛に手紙を書いて、捕虜釈放を嘆願しています。多忙なナポレオンは、馬上に届いた手紙を一瞥して、必要なしとばかりに放り投げますが、差出人の名を聞くと、こう叫んだそうです。「ジェンナーか！　彼の頼みなら、断ることはできない！」。

実は、軍隊において感染症の問題は、非常に大きいのです。戦場は衛生環境も悪いですし、人間が密集しますから、一度、感染症が流行り出すと手に負えなくなってしまいます。ナポレオンにとって、画期的な感染症予防法を開発したジェンナーは、讃えられてしかるべき功績の持ち主でした。何と、敵国人であるにもかかわらず、表彰までしていたのです。

現在、ロンドンのケンジントン庭園には、ジェンナーの銅像が佇んでいます。実は、このジェンナー像を元にして、遠く日本でも銅像が建てられました。その像は、東京国立博物館を正面から入って右手にあります。種痘の発明から百年を記念して（明治二十九〈一八九六〉年）、企画されたそうです。ジェンナーを紹介するために、善那と当て字してあるのが、日本人の彼に対する尊敬を表しているようにも思えます。

日本で本格的に牛痘法が普及するのは、佐賀藩がワクチンを輸入した一八四九年以降です。牛痘法の普及に尽力した人物といえば、適塾で有名な緒方洪庵を紹介しないわけにはいきません。彼自身も八歳のときに天然痘に罹り、医師になってからも天然痘患者を看取（みと）っていたこともあって、特に関心が深かったのでしょう。私財を投じて普及活動に努め、貧しい者には無償で、豊かな者からは志をいただいたようです。

ちなみに「牛の汁を体内に入れると角と尻尾が生えてくる」といった迷信はイギリスだけではなく日本にもありました。洪庵たちは、ワクチンを「白神（はくしん）」と表記して、白牛に跨（またが）った童子が鬼の格好をした天然痘をやっつける錦絵「牛痘児の図」を作るなど、民衆に蔓延（はびこ）る当時の偏見を破るための工夫が、今に伝えられています。

ここから、話は一九五八年に飛びます。

世界保健機関（ＷＨＯ）で、世界天然痘根絶計画が可決されました。世界中で天然痘ワクチンが打たれるようになり、天然痘患者は激減していきます。一九七〇年には西アフリカで、七一年には中央アフリカと南米で根絶が確認されました。

アジアで最後の患者は、バングラデシュの三歳の女の子でした（一九七五年）。そして、一九七七年のソマリア人の青年アリ・マオ・マーランの感染を最後にして、三年後の一九八〇年、ＷＨＯは天然痘の根絶を宣言しました。

現時点で、自然な状態では、世界中のどこにも天然痘ウイルスは存在しないはずです。これは、逆に言うと、天然痘に対する免疫を持っている人が誰もいないということを意味します。今、もし天然痘が人類の前に姿を現すと、確実にパンデミックになることでしょう。つまり、生物兵器としてテロに使われる心配があります。

そういう万一に備えて、ワクチン作成のために、世界で二カ所だけ、天然痘の株を備蓄することが許されました。もちろん、最も厳重なBSL－4で管理されています。決定した当時の世界政治も垣間見えるのですが、一カ所はアメリカ疾病予防管理センターで、もう一カ所はロシア国立ウイルス学バイオテクノロジー研究センターです。後に、遺伝情報を解析して、保管している株は破棄するという話になったのですが、政治的な判断から、アメリカが強硬に反対をしたことで白紙になっています。

ワクチンをめぐるデマ

ワクチンを製造するための弱毒化した変異株が、日本にもあります。天然痘の本株ではないので、米ロとは別の扱いということです。ワクチンの安全性を高めることを目的に、千葉県の血清研究所が開発しました。二〇〇二年に血清研究所が閉鎖した後は、熊本県の化学及血清療法研究所が管理して、備蓄用のワクチンを製造しています。ちなみに、日本国内の天然痘患者は、一九五五年を最後に確認されていません。

ワクチンという武器を手にした人類は、このまま、あらゆる病気を克服するかに見えました。ところが、二つの理由から、天然痘を撲滅したようには、他の病気の制圧は、なかなか進んでいません。一つには、天然痘が、基本的にヒトにしか感染しない病気だったことです。昆虫や動物を媒介にした伝染病は、対象となる昆虫などを完全に駆逐することが難しいこともあって、なかなか撲滅にまでは至らないようです。

もう一つは、社会に蔓延る偏見やデマの問題です。ジェンナーの時代から二百年も経つというのに、いまだにワクチンを否定する人々が一部にいます。彼らの話を聞くと、二通りに分かれます。

一つ目は、ワクチンの安全性に対する心配。二つ目は、完全なデマです。安全性の問題ですが、基本的に、どんな薬にも副作用は存在します。俗に、漢方薬（生薬）は自然な薬だから安全だ、ともいわれますが、もちろん漢方薬にも副作用はあります。ワクチンの場合は、副作用といわず、副反応と呼びます。用語の使い方は慣習的なもので、意味的に大きな違いはありません。

実は、薬の副作用やワクチンの副反応については、有害事象という名目で行政に報告されます。厳密な話をすると、有害事象とは「投与して一定期間に現れた健康を害する症状」のことで、副作用そのものではありません。ヒトに投薬する場合は、実験動物とは違いますから、副作用と他の影響の区別は、原理的にできないのです。

感染症に罹ることとワクチンの副反応を比べた場合、感染症より副反応のほうに悪い感情を持つ人が多いようです。ワクチンの副反応は人為的なため、避けることができたような気がするのでしょうか。冷静になれば、個人や集団で感染症を避けるメリットのほうが、数万人から数十万人に一人のワクチンの副反応より上回ると分かるはずです。しかし、医療不信からか、ワクチンに対する悪い偏見が無くならないようです。

ワクチンに関するデマには、大きく三つのパターンがあるようです。一つ目は、ワクチンには水銀が含まれていて、自閉症の原因になるというもの。二つ目は、不妊の原因になるというもの。三つ目は、ワクチンが効かないことが研究で示されているというものです。

一つ目は論外です。ワクチンに殺菌の目的で水銀が微量に含まれていることは事実です。しかしワクチンを一二回も接種して、やっとマグロの握り寿司一貫の水銀と同じ量にすぎません。しかも、ワクチンに使うエチル水銀は、マグロに含まれるメチル水銀より数百倍も安全です。ワクチン接種を問題にするなら、寿司屋には行けません。

そもそも、水銀と自閉症も関係ありません。科学的な論争も、すでに存在しません。デマの元になったアンドリュー・ウェイクフィールド（Andrew Jeremy Wakefield）という医師の論文（『Ileal-lymphoid-nodular hyperplasia, non-specific colitis, and pervasive developmental disorder in children』一九九八年）は、全くの捏造であり、掲載誌の「ランセット」は、二〇〇四年に論文を虚偽と判断し、二〇一〇年には完全撤回しました。同年、ウェイクフィールドは、医師免許を剥奪されてもいます。

二つ目も、ありえません。そもそも哺乳類を不妊にするようなワクチンなど存在しないのです。この件に関して、日本でだけ特に問題になっているワクチンがあります。それはヒトパピローマウイルス（ＨＰＶ）ワクチンです。ＨＰＶの感染は慢性的な粘膜の炎症を起こし、子宮頸がんになると考えられています（七二頁）。ＨＰＶ由来の子宮頸がんは、ワクチンと定期健診で、ほぼ確実に予防できます。先進国では、ＨＰＶワクチンによって子宮頸がんが減っていますが、日本でだけは、ごく稀にある有害事象が過剰に報道され（中には接種一カ月後の発症という因果関係の薄い事例まで）、ワクチン普及に歯止めがかかっています。

こうしたことを受けて、二〇一五年九月に第一五回厚生科学審議会予防接種・ワクチン分科会副反応検討部会で、ＨＰＶワクチンの全有害事象について追跡報告がまとめられました。二〇二〇年四月現在では、有害事象の現れた患者さんに対する救済範囲の拡大と、有害事象に科学的に対応する体制が整備され、全ての都道府県の医療機関、計八四カ所に診療相談窓口が設置されています。本来は、ワクチン普及の際に組織しておくべきでした。日本の医療体制の不備だったと思います。

三つ目のデマに取り上げられる研究とは『ワクチン非接種地域におけるインフル

エンザ流行状況』という報告書です（一九八七年、通称『前橋レポート』）。『前橋レポート』は、インフルエンザワクチンの効果と副反応に対する不信感から、前橋市医師会が独自に行った調査をまとめたものです。そもそも『前橋レポート』は学術論文ではなく、調査方法にも評価にも解析にも、科学的におかしな点があります。一番の問題はインフルエンザと普通の風邪を区別していないことです。簡単に説明すると、ワクチンの接種率の高い地域と低い地域で、熱を出した、または長期欠席した児童を数えただけなのです。それでも、ある程度の傾向は分かるとしましょう。しかし適切に数字を読めば「ワクチンの効果は有る」と解釈するべきデータなのです。

インフルエンザワクチンの有害事象は、毎年五〇〇〇万人ほど接種して一〇〇例ほどです。インフルエンザウイルスは変異が激しいので、ワクチンでは完全に感染を防げません。しかし乳幼児や高齢者の重症化を防ぐ程度の免疫効果は認められています。一部に誤解があるようですが、妊婦さんもインフルエンザワクチンは接種できます。妊娠初期の接種で流産が増えることもありませんし、妊娠後期に接種すれば、出産後しばらくはお母さんの免疫で赤ちゃんもインフルエンザに罹りにくくなります。

また、先の『前橋レポート』よりも、もっと科学的に厳密な研究では、約八割の学童に予防接種すると、地域全体のインフルエンザ感染リスクが下がることが証明されています（これを集団免疫効果といいます）。集団免疫効果は、予防接種ができない人たちまで含めて、地域を感染症から守るための公衆衛生上の考えです。

集団の感染リスクについては、風疹（三日ばしか）が良い例になると思います。大人は比較的軽い症状で治癒する風疹ですが、妊娠初期の妊婦さんだと赤ちゃんに障害が残ることがあります（先天性風疹症候群）。日本では、二〇一二年から二〇一三年にかけて風疹が大流行したので、ご存じの方も多いでしょう。風疹の予防接種が普及すれば、社会全体で赤ちゃんを守ることにつながります。

どうか冷静に、ジェンナーの種痘開発に込めた思いを汲み取って欲しいものです。

ヒトゲノムを解読せよ！

そもそもゲノムって？

「ゲノム」という言葉を耳にしたことのある読者は、どの位いるでしょうか？もしかしたら「遺伝子」という言葉を聞いたことがある人よりは、少ないかもしれませんね。ゲノムとは、生物を形づくる一揃いの遺伝子、つまり遺伝子のセットと考えてもらえれば良いと思います。

ゲノム（genome）は、遺伝子（gene）に、ギリシャ語の「全部、完全（-ome）」という接尾語を付けた合成語です。私見ですが、「研究対象＋オーム」という語には、自然科学の中でも、生物学特有の発想が表れています。

網羅主義的な発想とでも言いましょうか。対応する考え方としては、物理学的な発想の原理主義が相当すると思います。要するに、同じ自然現象を研究対象にしても、物理学などでは、より一般的な理論や原理を求めてモデル化することを最善とします。

一方で、生物学でも、もちろん一般的な法則性を求めます。しかし、それは一時的な形式で、常に例外を加えて、包括的に考えるのです。言い換えると、物理学が、諸々の現象から、余計なものを削ぎ落として、より一般的な原理を模索しようとするのに対し、生物学は、一般的な原理の上に、バラエティのある様々な現象を見つけて、法則を拡張していく方向に研究を進めるイメージがあります。

最近では、転写産物（トランスクリプト）を網羅的に把握しようとするトランスクリプトーム（ＤＮＡから転写されたＲＮＡ全体）や、タンパク質（プロテイン）を網羅的に把握しようとするプロテオーム（翻訳されたタンパク質全体）への注目が盛んになっています。もちろん、こうした研究の流れの端緒になったのは、遺伝子を網羅的に把握しようとしたゲノムという考え方があるわけです。

そのために、「ゲノムプロジェクト（ゲノム計画）」という試みが、様々な生物に対して行われるようになりました。しかし、より正確に言えば、ゲノム計画とは、遺伝子の本体である染色体ＤＮＡの塩基配列を全て読むことであって、そこに書かれている遺伝子の全て、つまり本来の意味におけるゲノムを解読することではありません。あくまで、ゲノム解読の準備です。しかし、それは、とても大事な準備なのです。

こうした流れで始まったゲノムプロジェクトの一つが、「ヒトゲノム計画」です。ヒトゲノム計画は、一九九〇年にアメリカ主導で始まりました。当初は、三〇億ドル（およそ三〇〇〇億円）の予算をつけて、十五年の計画期間を予定していました。ところが、途中で計画の進行が加速されて、二〇〇〇年には大雑把（おおざっぱ）な配列（ドラフト配列といいます）の解読を終えました。

そして、ワトソンとクリックによるＤＮＡの二重らせん構造決定の年である一九五三年から五十年後、ちょうど節目の年にあたる二〇〇三年に完了しました。

エピジェネティックな変異

「ヒトゲノム計画」の目標は、先述したようにヒトの染色体ＤＮＡの塩基配列を全て列挙すること、その最終目的はゲノムを解析することにあります。

しかし、計画を通じて、ＤＮＡ解読技術や、データ解析のためのコンピューター関連技術の開発を推進し、医学や生物学の発展に寄与することも派生的な目的でした。

もちろん、どこか一つの研究室どころか、アメリカ一国だけでできることではありません。したがって、世界中で、ヒト一人分のゲノム（二二本の常染色体と二本の性染色体）を分担し、長い月日をかけてコツコツと塩基配列を決定したのです。

ちなみに、昔は、ＤＮＡの塩基配列を手作業で解読していましたが、今では自動化が進んで、ＤＮＡシーケンサーという機械を使います。ヒトゲノム計画と同じことを、今の主流のＤＮＡシーケンサーで行えば十日ほど、次世代型シーケンサーなら数日でできます。現在開発中の最新型が完成すれば三日かからないだろうと言われています。最新型はエピジェネティックな変異（四三頁）も含んだ、より高度な分析も可能になるはずです。

元々の「ヒトゲノム計画」は、ヒトの三一億塩基対を手分けして読み取りながら、そのデータベースを構築して世界中の研究者が情報を共有しつつ、各遺伝子を解析していくという形の研究プロジェクトでした。

先ほど述べたように、計画当初は十五年の研究期間を予定していましたが、その後、技術が進んだこともあって、予定より五年も早い二〇〇〇年にはドラフト配列を発表できました。ドラフト配列とは、不完全な配列のことで、米語でのドラフト（draft）には「草案」という意味があります。

今でもそうですが、ゲノム解読のように、長い塩基配列を読むときは、一度ぶつ切りにしてから、後で再構成します。つまり、ドラフト配列は切断部位近辺など、細部の検討が不十分な配列なのです。実は、米語のドラフトには「隙間風」の意味もあります。なかなか上手いネーミングですよね。

そのドラフト配列の発表から三年かけて読み違えの確認や隙間を埋める作業を行って、完全な配列が発表されました。それでもプロジェクト当初の予定より二年も早かったことになります。そんなに前倒しに計画が進んだことには理由がありました。

セレラ社の挑戦

実は、国家プロジェクトに喧嘩を売るかのごとく、民間会社が「ヒトゲノム解読」に参戦してきたのです。それが、ジョン・クレイグ・ヴェンター（John Craig Venter）が初代社長を務めたセレラ社でした。ちなみに、ヴェンターは、人工的に全ての染色体を合成された細菌を作ったことでも有名です。

それまで世界各国の研究者は、自分たちが担当する染色体の遺伝子を研究しつつ、計画通りに解読を進めていました。ところがセレラ社は、ひたすらDNA解読に集中したのです。彼らは、ショットガンシーケンス法を使って、凄い勢いで解読を進めました。ショットガンシーケンス法とは、とにかく染色体DNAをブチブチと切断し、遺伝子も何も関係なく、配列を読んではデータ化する方法です。たくさんのDNA断片から、重複する部分を頼りに力業で染色体を再構成するわけです。まるで床にぶちまけたジグソーパズルを解くようなものですね。ただし、でき上がりの絵柄は分からず、頼りになるのも四種類の塩基だけです。もちろん人間業では不可能に近いので、当時のスーパーコンピューターを何カ月もフル回転させたそうです。

セレラ社が参入した狙いは、遺伝子特許にありました。ゲノムプロジェクトから派生して生まれる、新しい遺伝子の発見が金になると踏んだわけです。しかし、この目論見は、研究者コミュニティからの「研究の進展を邪魔する試みだ」という批判によって方針を変更するに至ります。別件の裁判でも、生物の持つ遺伝子は特許の対象に当たらないという判決が出ていることもあり、研究目的の利用については、基本的にオープンアクセスになっています。逆に、将来的には、人工の遺伝子が、特許対象になるのかもしれません。

さて、解読されたヒトゲノムですが、研究者が思ってもみなかった結果が分かりました。なんと、ヒトゲノムの七割以上の領域は、生命活動に無関係だと推定されたのです。しかも、残りの三割しかない中でも、タンパク質の構造に関係している塩基配列の割合は、ゲノム全体の二パーセント弱しかありませんでした。

さらに、実質、タンパク質のアミノ酸配列と直接関係ある塩基配列の割合は、二パーセント弱の中の一割に過ぎないと考えられました。ほとんどが無駄な領域なのか、と読者の皆さんも驚くのではないでしょうか。

実際、ヒトゲノム計画が終了して、ヒトの遺伝子数が二万数千個ほどしかないと発表されたときは、世界中の科学者が仰天したものです。想定よりも、遥（はる）かに少なかったからです。

ただし、少し注意が必要です。

遺伝子の数といっても、あくまで推定に過ぎず、実際に機能が確認されたわけで

象に解析を進めているようです。プロジェクトの中でも、二〇一二年に、日本の理化学研究所から公表された結果は、これまた驚くべきものでした。理研の研究チームは、トランスクリプトーム（DNAから転写されたRNA全体）を解析したのですが、何とヒトゲノムの八割に、何らかの機能がある可能性を示唆していたのです。

ヒトゲノム計画の予想と裏腹な結果ですが、細胞の中ではタンパク質以外にも、様々にRNAが働いている可能性を予想させる結果です。より正確に言うと、細胞が分化したそれぞれの段階で機能しているのは染色体の三割程度なのですが、細胞の種類によって、機能する染色体の部位が変わるため、トータルでは八割程度の塩基配列が遺伝子（あるいは調節部位）として活性化するかもしれないということでした。

しかしながら、そうして転写されたRNAが、全て何らかの機能を持っていると判断するのは、少しばかり早計ではないか、という批判もあります。

二〇一四年に発表された論文ですが、オックスフォード大学の研究チームが、進化論的なアプローチで多くの哺乳類を比較して、実際に機能している（生命活動に必要な）塩基配列を推定したそうです。それによると、ヒトゲノムでタンパク質の構造を指定している塩基配列は、一パーセント強しかなく、さらにタンパク質の発現を制御している塩基配列は、七パーセント程度でした。要するに、ヒトゲノムで大事な領域は八パーセント強しかないというわけです。

どちらの推測が正しいのかというより、現時点では、どの研究結果も、一時的な推測に過ぎないと考えるほうが良いのかもしれません。実際のところ、一つ一つ確認していくべきなのでしょう。

というのも、二〇〇三年の推定値を大幅に超えて、二〇二〇年三月現在で、アメリカ国立衛生研究所(NIH)のデータベース(https://www.ncbi.nlm.nih.gov/genome/51)に登録されている遺伝子は、五万四〇〇〇個を超えています(毎年増えているようです)。前述したように、タンパク質の塩基配列だけではなく、タンパク質の発現を制御するRNAの塩基配列も遺伝子と考えれば、無駄だと思っていた領域に役割があったことが、少しずつ分かってきているということです。それにしても、無駄だらけ(というか隙間だらけ)ということは、おそらく変わらないでしょう。

しかし、そんな無駄でも、意味が無いわけではありません。長い目で見たときには突然変異などを通じ、進化に有利だったと考えられています。

ＥＮＣＯＤＥで活躍している理研の研究チームが中心となり、二〇〇〇年から別の国際プロジェクトが動いています。それが、国際研究コンソーシアムＦＡＮＴＯＭ（ファントム）で、二〇カ国の一〇〇機関以上が参加しています。

ＦＡＮＴＯＭは、Functional ANnoTation Of The Mammalian genome の略で、哺乳動物（特にマウス）の遺伝子の機能を網羅的に抽出するプロジェクトです。国際研究コンソーシアムＦＡＮＴＯＭのデータベースには、発生の各段階における細胞の遺伝子発現も含まれていて、そこからｉＰＳ細胞を作るヒントが得られたことは、特記しておきます。

世界各国でゲノム解読

ヒトゲノムプロジェクトは、ヒト一人分の塩基配列を読み取ることに意味がありました。次の段階は、一人一人に違いがあることにも注目する必要があります。それが、一〇〇〇人以上のゲノムを解読してデータベース化する計画である、1000 Genomes Projectでした（二〇一二年に完成）。

アフリカからは、ナイジェリアの都市イバダンのヨルバ人（西アフリカで最も規模の大きな民族集団の一つ）、ケニアの都市ウェブイェのルイヤ族（ケニアで二番目に大きな民族集団。西アフリカから東に移動してきた）、そしてマサイ族（ケニア南部からタンザニア北部にまたがる一帯の先住民）。

アジアからは、東京の日本人と北京の中国人、ヨーロッパからは、トスカーナ州のイタリア人、アメリカからは、南北ヨーロッパ系の祖先を持つユタ州のアメリカ人、ヒューストンのグジャラート系インド人、デンバーの中国人、ロサンゼルスのメキシコ系アメリカ人、南西部のアフリカ系アメリカ人、といった人々のゲノムがデータベース化されました（最終的に、二六民族の二五〇四人が参加）。

多様な人種を比較して、ゲノムの共通部分と個人的な部分を精密に分けて分析し、形態の発生から疾患との関係や医薬品開発まで、幅広い研究に活かすことを目指した取り組みです。

その研究成果が、二〇一五年九月の科学雑誌「ネイチャー」で発表され、ヒトゲノム三一億塩基対の二・九三パーセントもの変異が確認されました。ヒト集団のゲノム変異は予想以上に多く、民族間で異なる変異と共通する変異があると同時に、同じ民族でも変異の個人差が大きいと言えそうです。

しかしながら、二〇〇〇人程度ではデータベースの規模としては、小さなものです（学問的な意義は大きいのですが）。大規模なゲノムプロジェクトは、医療の個別化や予防医療に、最も大きな目的が向けられています。

そうした中、自国民を対象とした、もっと規模の大きなプロジェクトも、世界各国で次々と立ち上がっています。例えば、イギリスでは二〇一二年からGenomics Englandという一〇万人規模のプロジェクトが始まっていますし、アメリカでも二〇一三年から、退役軍人一〇〇万人を対象にして、Million Veteran Program が始まっています。イギリスのプロジェクトは、特に病気の患者を対象にして、病態の把握や治療といった病理学的な研究に活かすことが、主眼のようです。

アメリカのプロジェクトは、退役軍人というところがポイントですね。米国退役軍人省には、膨大な退役軍人の医療記録や健康管理情報がありますから、それと照合することで、二〇二〇年三月現在、およそ八二万五〇〇〇人分の緻密（ちみつ）なデータベースになっています。

日本でも東北大学東北メディカル・メガバンク機構やバイオバンク・ジャパンが

数万〜一五万人規模の計画を進めています。

こうしたデータベースは、各国で独自に持つことが有効だと思います。なぜならば、前述したように人種や民族で塩基配列に違いがあるからです。薬の効き具合も、そうした違いに関係している可能性があります。

データベースが巨大になるほど、より精密な違いを解析できます。しかし、そんな解析は、すでに、人の手で可能な規模を超えています。そこで「ヒトゲノム計画」と前後して、バイオインフォマティクス（生物情報学）という学問分野が興隆しました。

バイオインフォマティクスには、計算機科学や情報工学の発展も後押しして、四文字のデジタルな塩基配列から、意味のある情報を読み取ること（遺伝子の検索や機能の予測）が期待されています。

ゲノム解読の成果の一つである、医療分野への貢献については、読者の皆さんも期待の大きいところだと思います。大きく、検査と治療に分けられるのですが、それぞれについては、別項で説明しています。

誤解されるミトコンドリア・イブ

この節の最後に、ゲノムの解読がもたらした、もう一つの大きな成果である、考古学・人類学への貢献を解説しておきましょう。

読者の皆さんは、ミトコンドリア・イブという言葉を聞いたことはありますか？

現生人類の最も近い共通祖先である、一人のアフリカ人女性のことです。十二万年〜二十万年前に生きていたと推測されています。誤解されていることが多いのですが、当時のアフリカに彼女しかいなかったわけではありません。ミトコンドリアは、受精時に精子から卵へ、ほとんど移行しないため、基本的に母親由来のミトコンドリア系列が子孫に伝わっていきます。

したがって、男の子しか産まなかった女性のミトコンドリア系列は、そこで途絶えます。ミトコンドリア・イブは、自分のミトコンドリア系列を残すことができたことを運が良いとするなら、とてもラッキーな女性だというだけで、それ以上の特別な意味はありません。

ミトコンドリアは、細胞内の化学反応に使う高エネルギー分子（アデノシン三リ

◆Y染色体のハプログループOの分布

Y染色体のハプログループは大きくAからRに分類される。
Oは東アジアに多く、中でも日本人はO2bが多い。

ン酸、ATP）を生産する、発電所のような細胞小器官で、細胞の核に内蔵されたDNAとは別に、独自のDNAを持っています。

前述のように、母親由来のミトコンドリア系列が子孫に伝わりますから、ミトコンドリア染色体の変異を比較すれば、地域における母系集団の歴史的な移動が推測できます。一種の家系調査ですね。集団に共通する遺伝子のパターンをハプロタイプといい、似たようなハプロタイプの集団を「ハプログループ」といいます。

より正確には、ハプロタイプの遺伝子パターンは、一塩基多型（SNPs：九二頁）で決められています。例えば、もし竹内家の親戚一同に共通するSNPsがあれば、それは竹内家ハプログループです。実際は、そんな狭い範囲をハプログループとはいわず、日本人や世界各地域の、もっと大きなハプログループが対象です。

ミトコンドリアと同様に、Y染色体のハプログループを比較すれば、父系集団に注目することができます。面白いことに、Y染色体ハプログループは、いわゆる言語学上の「語族（起源が同じ系統の言語）」の分布と一致する傾向があります。おそらく命名に父系を採用する言語が多かったせいだろうと考えられています。

世界中のハプログループを分析することで、太古から現生人類が地球上を歩いてきた痕跡を辿ることができるようになり、それまでの仮説が裏付けられてきています。

遺伝子組換えの真実

切断されたDNA

二十世紀の後半までに、分子生物学は、遺伝現象の基本的なメカニズムを解いてしまいました。一部とはいえ、生命の謎の一端を知ったことで、私たちは、遺伝子を工学的に利用できるようになったのです。

ざっくり言えば、遺伝子は、DNAとして一列に並ぶ四種類の核酸塩基です。ある生物の細胞から、特定の機能を発揮するDNAの領域（遺伝子）を切り出し、それを別の生物の細胞に入れて、上手く発現するようにすること（遺伝子ノックイン）。あるいは特定の遺伝子を働かなくすること（遺伝子ノックアウト）。それが遺伝子工学の基本になります。

DNAそのものを編集するには、制限酵素とDNAリガーゼを使います。

制限酵素は、元々、細菌がウイルスから身を守るために発達させた仕組みの一つで、細胞内に侵入したウイルスのDNAを分解する酵素です。自分自身のDNAは保護した上で、ウイルスによくある様々な塩基配列を認識して切断します。それを応用して、制限酵素の種類に応じた固有の塩基配列を認識し、それを切断するわけです。

DNAリガーゼは、切断されたDNAを繋ぐ糊（のり）のようなものです。細胞内部では、様々な原因でDNAが切れてしまいます。それを補修するために発達した酵素です。制限酵素で切り取ったDNAを別のDNAと繋ぐときに使います。

細胞に遺伝子を導入するときには、ベクターを使います。ベクターとは、「運び屋」を意味するラテン語で、DNA断片を細胞の中に運ぶためのツールなのです。ベクターには何種類もありますが、本項では代表的なものを三つほど紹介しましょう。

一つ目は、プラスミドベクターです。プラスミドは、微生物（細菌や酵母）の中で働く環状のDNAで、通常の染色体とは独立した別の存在です。パソコンに譬えると、染色体DNAが基本的なスペックを維持するための情報を保持している内蔵ハードディスクだとしたら、プラスミドDNAは、ちょっとしたソフトやファイルを交換するときに使うUSBメモリーに相当します。

実際に、自然界では、微生物たちがプラスミドを交換して、遺伝情報をやりとりしています。微生物たちは、新しい形質の獲得を突然変異にだけ頼っているのではなく、誰かが偶然に獲得した形質を、プラスミドを使って広めるのです。この微生物たちが使っているテクニックを拝借したのがプラスミドベクターになります。

プラスミドが目的の細胞に取り込まれる確率（導入効率）は、そんなに高くありません。そこで、次に、導入効率を良くするために考えられたのが、ウイルスベクターでした。ウイルスは目的の細胞に感染する能力がありますから、ウイルスの遺伝情報に、必要な遺伝子を組み込めば、目的の細胞に遺伝子を導入できるというわけです。

もちろん、ベクターとして使うウイルスからは、病原性に関係する遺伝情報を全て削り取ってあります。それでも万一のことがあっては困りますから、実験室での扱いは厳重です。ウイルスベクターは、遺伝子治療にも応用が期待されています。病気の原因になるウイルスの性質（細胞に感染すること）を拝借して、病気を治すために遺伝子を細胞に導入することに利用するのです。

最近は、ＤＮＡシンセサイザー（ＤＮＡ合成装置）が性能を上げ、大きなＤＮＡ

も素早く正確に合成できるようになったことから、何と、人工染色体ベクターが登場しました。まだ安定性など改良の余地はありますが、数百万個もの塩基配列を導入できるため、期待の大きい技術です。パソコンに譬えるなら、ハードディスクを追加するようなものですね。

　プラスミドベクターやウイルスベクターを使った遺伝子導入は、それほど厳密に行えるわけではありません。確率的に遺伝子を操作すると言うべきでしょうか。

　しかし、ここ数年で、ベクターによる遺伝子組換えよりも、もっと遺伝子操作の確率を高めた「ゲノム編集」という方法が開発されてきました。人工的に制限酵素を設計することで、標的となるＤＮＡの遺伝子領域に、より特異性の高い方法で遺伝子のノックアウトやノックインができます。代表的な方法に、CRISPR/Cas 9（クリスパー・キャスナイン）システムやTALEN（ターレン）の利用があります。

サーファーがノーベル賞を受賞した！

　最も遺伝子工学に貢献した技術を挙げるならば、ポリメラーゼ連鎖反応法（ＰＣＲ法）を外すわけにはいきません。ＰＣＲ法を使えば、必要な遺伝子領域のＤＮＡ

◆PCRの原理 1

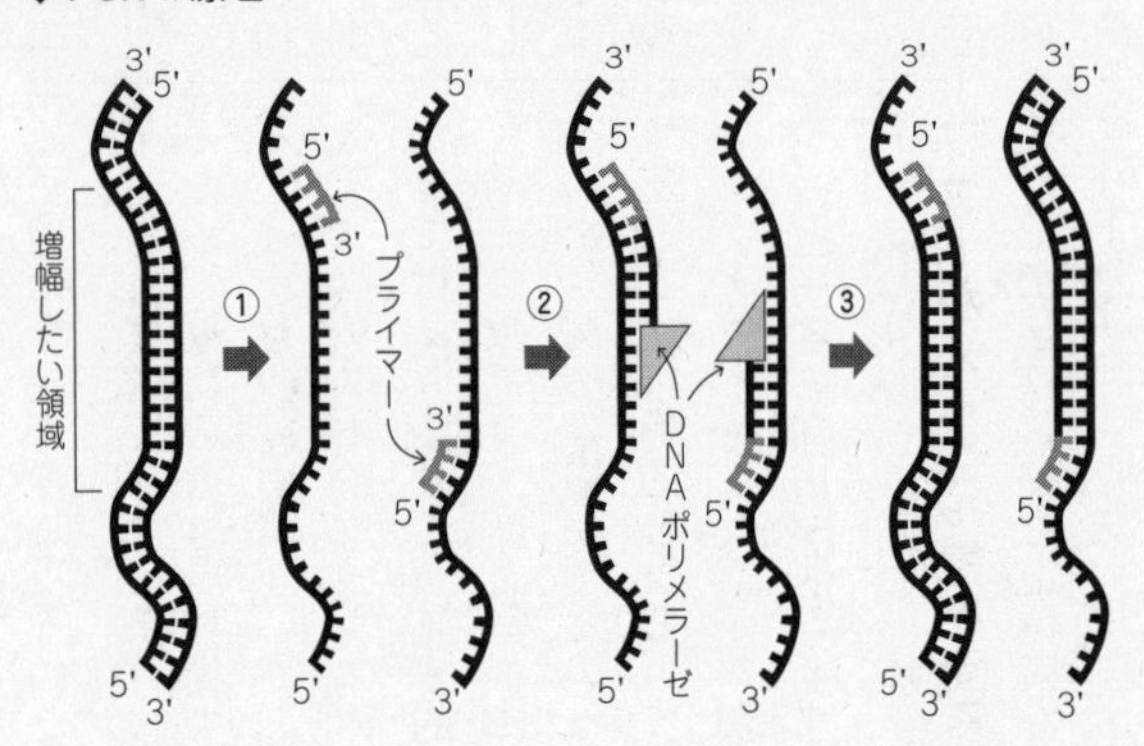

◆PCRの原理 2

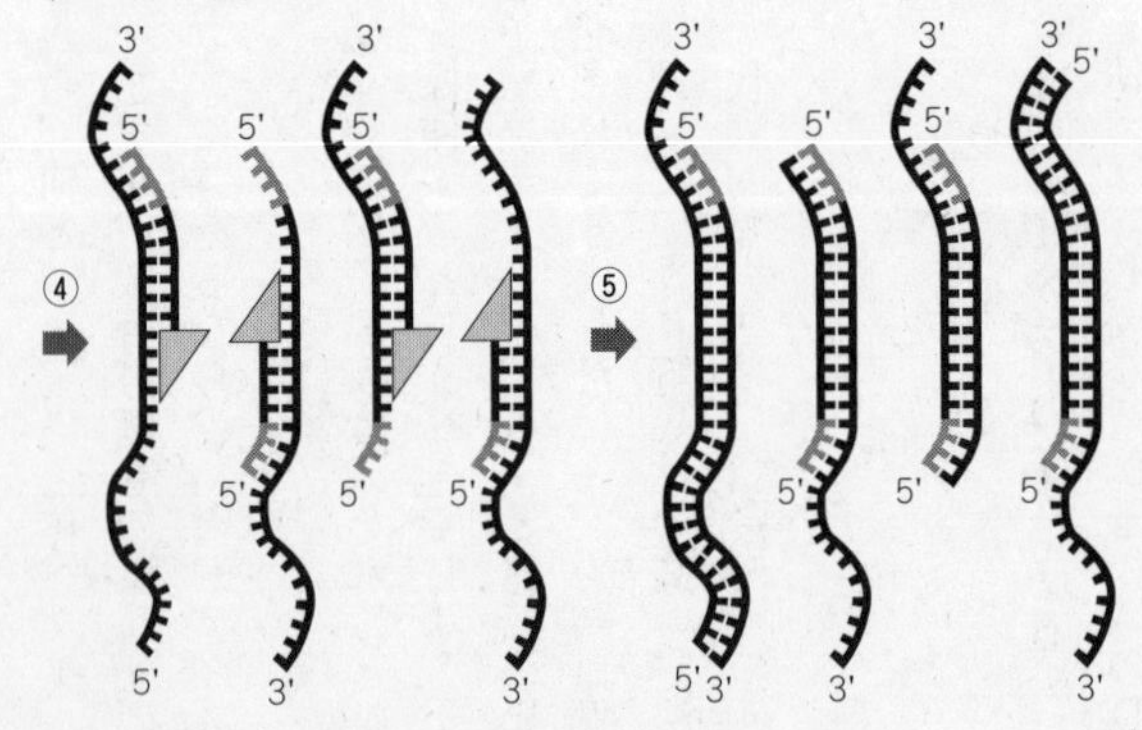

◆PCRの原理3

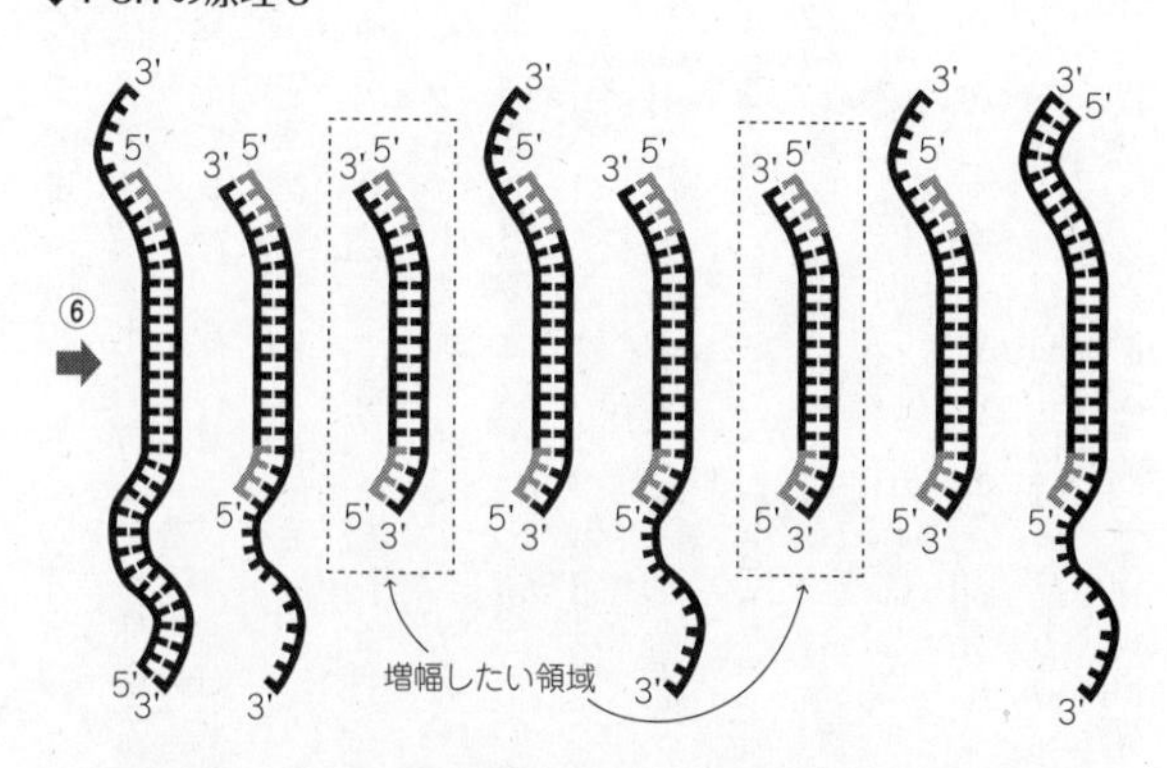

① 熱するとDNA二重鎖は一重鎖に分かれ、冷ますと二重鎖に戻る。このとき増幅したい領域の前後を挟むように設計したDNA断片（プライマー）を混ぜておく。

② DNAポリメラーゼ（DNA合成酵素）が、プライマーから相補的なDNAを繋ぐ。

③ 増幅したいDNA領域を含んだ二重鎖が2本できる。

④ 同じ操作（①〜③）を繰り返す。

⑤ 増幅したいDNA領域を含んだ二重鎖が4本できる。

⑥ もう一度、同じ操作（①〜③）を繰り返すと、増幅したいDNA領域を含んだ二重鎖が8本できる。その内の2本は、増幅したいDNA領域だけの二重鎖（点線で囲ったもの）。以降は、増幅したいDNA領域の二重鎖だけが倍々で増幅される。20回繰り返すと、約100万倍に増える。十分な量のヌクレオチド（核酸塩基＋糖＋リン酸）とプライマーがあれば、溶液の温度を上下させるだけの機械的な作業で良い。

だけを簡単に増幅できるのです。

発明者は、生化学者のキャリー・マリスです。彼の別名は、博士号を持ったサーファーでした。なにせ、彼がＰＣＲ法の発明で一九九三年にノーベル化学賞を受賞したときの報道の見出しが「サーファーがノーベル賞を受賞した！」だったのです。

こうした遺伝子組換え技術を使って、例えばマウスのような実験動物に遺伝子をノックインしたり、あるいは元からある遺伝子をノックアウトしたりして、生命科学の研究者は、それぞれの遺伝子の機能を研究します。

遺伝子組換え技術は、生命科学の研究に役立つだけでなく、産業（農業や製薬）にも応用されています。遺伝子組換えによって作られた新しい品種のことをＧＭＯ（Genetically Modified Organism）と呼ぶこともあるようですが、この言葉は、実験動物（遺伝子改変マウスなど）も全て含むので、あまり適切な用語とは言えません。以降では農作物の話を中心にしますので、便宜上、ＧＭ作物と略すことにします。

今のところ、ＧＭ作物の開発は、三段階で進んできました。

第一世代のＧＭ作物は生産者側、第二世代は消費者側、第三世代は、私たちの将来に関係するお話です。まずは問題の背景から簡単にお話ししましょう。

よく分かる「GM作物」

農業の歴史は「品種改良」と「病害虫との闘い」です。人類は、長きにわたって、生物を自分たちの生活に利用してきました。可食部の大きな植物や、乳牛・肉牛・羊毛の改良など、より便利な生物を作り続けてきたのです。こうした科学を「育種学」といいます。

メンデルの研究も、元は「育種学」がスタートでした。遺伝子の発現が、生命現象の基礎であることは間違いありません。したがって、歴史的に、人類は「生物の遺伝子を改変してきた」とも言えます。

人間にとって美味しい農作物は、病害虫にとっても美味しいのかもしれません。また、農作物にとって育ちやすい環境は、それ以外の植物にとっても良い環境でしょう。農業が大規模になるほど、病害虫の被害も甚大になりますし、必要ない植物が勝手に生えると作物の収量に響きます。

そうした不必要な植物の除去や病害虫の駆除のために、長らく化学薬品が使われてきました。しかし、病害虫を駆除する化学薬品は、同時に、使いすぎると人間や作物にも影響しました。生命の仕組み全般に作用するような毒を使っては、病害虫だけではなく人間にも害になるという当たり前の事実です。

つまり、病害虫を選択的に排除できる方法が求められたのです。そうして開発されたのが、第一世代のGM作物です。代表的なものとして、除草剤耐性ダイズと害虫抵抗性トウモロコシを紹介しましょう。

まずは、除草剤耐性ダイズから。現在、よく使われる除草剤の一つにグリホサートがあります。「ラウンドアップ」という商品名を聞いたことのある読者も多いのではないでしょうか。

グリホサートは、いってみればアミノ酸（グリシン）のニセ物で、植物だけが持つアミノ酸合成酵素の働きを邪魔します。そのため、アミノ酸が欠乏して、植物が枯れてしまうのです。このアミノ酸合成酵素は、ほとんどの植物に共通しているので、グリホサートは万能の除草剤です。

ところが、グリホサートには問題がありました。効きすぎるのです。ほとんどの植物に効くということは、作物まで枯らしてしまいます。広場や庭を除草するには便利なのですが、農地への使い方には注意が必要になります。

ところで、それほど強い薬だと、人間や環境への影響が心配です。しかし、グリホサートは、アミノ酸が少し形を変えただけの分子です。すぐに土中の細菌が分解するので、環境に残留しません（生分解性が高く、早くて三日、長くても一カ月弱で無くなります）。

しかも、動物はグリホサートが邪魔をするアミノ酸合成酵素を持ちませんから、ヒトには無害です（ヒトには別のアミノ酸合成酵素があります）。そういう意味では使い勝手の良い、優秀な除草剤でした。

一方で視点を変えると、土中の細菌のアミノ酸合成酵素は、グリホサートに阻害されないわけです。つまり、「細菌のアミノ酸合成酵素」を持つ植物には、グリホサートが効かないことになります。そこで、遺伝子組換えで、「細菌のアミノ酸合成酵素」を作るようにしたのが、除草剤耐性ダイズです（商品名：ラウンドアップレディ）。

次に、害虫抵抗性トウモロコシの話に移りましょう。昔から使われている化学的な殺虫剤は、ヒトにとっても毒となる危険な薬品であることが多いようです。大規模な農家では、農地に殺虫剤を散布するために、それこそ全身を覆ってガスマスクを着けながら作業しますし、ヘリコプターを使った空中散布も行われます。

そのため、誤って作業しても、誤って殺虫剤を吸ってしまう事故も、たびたび起きます。しかし、安全に気を配って作業しても、作物の表面に付く害虫にしか効果はありません。大規模農業で問題になるような害虫は、植物の根や茎に入り込みます。そうした虫にまで薬品を届かせようとすれば、高濃度の薬品が必要になり、さらに危険が増すのです。

そこで、昆虫にだけ効く毒素がないものかと探してみると、ある種の細菌が、昆虫だけに作用する毒素（タンパク質）を持っていました。バチルス属という真性細菌のグループで、枯草菌の仲間で、納豆菌の親戚でもあります。そのバチルス属の中に、チューリンゲンシス（*Bacillus thuringiensis*／以下、Ｂｔ菌）という菌がいて、古くから蚕の病原菌として知られていました。

実は、発見者は日本人であり、養蚕研究者の石渡繁胤でした（一九〇一年）。石渡は、飼育中に、激しく悶絶するように死んでしまう蚕を見つけました。名付けて「卒倒病」。その蚕から、菌を分離したそうです。

卒倒病の原因菌だから、卒倒病菌と名付けました（そのままですね）。石渡は新種として登録しなかったのですが、十年後に同じ菌をドイツのエルンスト・ベルリナーが再発見します（一九一一年）。

ベルリナーは、穀物を荒らす害虫のスジコナマダラメイガ（条粉斑螟蛾。幼虫が穀物を食べます）の死骸から、Ｂｔ菌を分離しました。死骸を見つけたドイツのテューリンゲン州が、Ｂｔ菌の名前の由来です。Ｂｔ菌の毒素タンパク質は、毒素といっても昆虫の腸の中でしか機能しません。なぜならば、この毒素タンパク質は、昆虫の腸にしかない特別な受容体とだけ結合するからです。

ヒトを含む哺乳類は、この受容体を持っていませんから、Ｂｔ菌の毒素タンパク質は、哺乳類にとっては、ただのアミノ酸のカタマリです。まさに、昆虫専用の毒なのです。このＢｔ菌毒素を遺伝子組換えで発現させたのが、害虫抵抗性トウモロコシです（一般に、Ｂｔトウモロコシともいいます）。

除草剤や虫害に耐性を持たせるほかにも、日持ちを良くして（植物が自分の細胞壁を分解する酵素を阻害する）、輸送や貯蔵の利便性を増した作物も、第一世代のＧＭ作物に含まれます。

第二世代のＧＭ作物は、食品としての機能性を高めることを目的にしています。

例えば、薬効成分や特定の栄養素を多く含んでいたり、アレルギーの脱感作療法のためにアレルゲン（原因になるタンパク質など）を発現させたり、食べるワクチンになるような作物の開発も進んでいます。ちなみに脱感作療法とは、減感作ともいいますが、症状が出ない程度に少量のアレルゲンを反復して服用して身体を慣らす、アレルギーの治療法です。

新しい機能を加える（ノックイン）だけではなく、遺伝子の発現を抑えること（ノックアウト）で、作物としての価値を上げることもできます。

厳密にはGM作物ではないのですが、遺伝子の発現を抑えて作物の価値を上げた例として、「涙の出ないタマネギ」があります。開発はニュージーランドでしたが、元になるタマネギに含まれる催涙成分と合成酵素の特定は、日本人研究者の今井真介（ハウス食品研究主幹）によるもので、二〇一三年のイグノーベル賞を受賞しています。実験的に、重イオンビームの照射で突然変異を誘発し、選抜育種されたもので、当初は市場に出なかったのですが、二〇一五年から、品種名「スマイルボール」として期間限定的に販売が始まっているようです。催涙成分が減った分だけ風味が増し、丸かじりできるうえ、ほのかに甘みを感じるという話なので、一度、食べてみたいものです。

GM作物は本当に危険？

さて、第三世代のGM作物へと話を進めましょう。

第三世代に期待されることは、世界の食糧事情を改善するために、作物を高機能化することです。例えば、光合成の能力を上げて単位面積当たりの収量を増すことや、乾燥や強い日照、塩害や冷害、極端な土中のpH（ピーエイチ）など、厳しい土地での耕作を可能にする作物の開発です。増え続ける人口を支えるためには、耕作地を増やすしかありませんが、すでに耕作に向いた土地は、ほとんど空いていません。

したがって、食糧を増産するには、今の耕作地からの収量を上げることと、厳しい環境でも耕作することが必要です。そうした将来の危機に備えるために、第三世代のGM作物の開発が急がれています。

もちろん遺伝子組換えでなくてはいけない理由はないのですが、通常の育種法より、遺伝子組換えを利用するほうが、圧倒的に早く開発できるのです。

GM作物のメリットばかりお話ししてきましたが、世の中には、遺伝子組換えに危険はないのか？　と心配する声もあるようです。様々な消費者団体や一部の科学者が、ＧＭ作物の危険性を吹聴しています。

しかし、ＧＭ作物に反対する根拠になっている研究（発がん性やアレルギーなど）の内容を仔細に検討すると、第三者の検証に耐える研究は一つも無く、全て否定されています。もちろん、物事の安全性評価は、常に批判的であるべきです。しかし、間違った根拠に基づいた批判に意味はありません。

少なくとも、二〇二〇年の時点で、ＧＭ作物が危険であるという科学的な証拠は、一つも見当たらないようです。何事も、一〇〇パーセントの安全性などありえませんが、個人的には、過剰な心配をしているように思います。

しかしながら、特にＧＭ作物については、一般消費者の「知らないことのリスクを過大評価する傾向」がある一方で、研究者や関係者の「知っていることのリスクを過小評価する傾向」があるようです。

その意味では、研究者も批判に対して真摯に耳を傾け、正確な科学的事実を消費者に説明することが大切だと思います。同時に、消費者も漠然とした不安に囚われず、非科学的な扇動に踊らされないことが大切でしょう。もし機会があれば、研究者にドンドン質問するのもいいと思います。一般に、研究者は、説明することが大好きな人たちですから、時間の許す限り、説明してくれるでしょう。

時代を遡ると、遺伝子組換え技術が編み出された当初から、世の中が、こうした事態になるだろうことは予想されていました。その中心にいたのが、アメリカ・スタンフォード大学教授（当時）のポール・バーグでした。

バーグは、前述したプラスミドベクターを使った遺伝子組換え技術の開発により、一九八〇年にノーベル化学賞を受賞しています。バーグが慧眼だったのは、遺伝子組換え技術が、人類にとって役に立つと同時に、悪用されるかもしれない、という可能性に気づいたことでした。どのように悪用されるか、専門家である研究者にも想像がつかないというところが問題だったのです。

そこでバーグは、自らが研究を一時停止し、遺伝子組換え実験に規制が必要なことを訴えました。そして、一九七五年、世界中から分子生物学者が集まって、遺伝子組換え実験のガイドラインを策定したのです。

それがアシロマ会議です。このときの会場が、アメリカのカリフォルニア州アシロマだったことが名前の由来です。その後も、約二年に一度の会議（通称ＣＯＰ、

Conference of the Parties）を繰り返しました。

そして、分子生物学の研究方法と、自然環境や生物多様性の保護、それらの持続的な利用について、国際的な足並みを揃えたものが、通称カルタヘナ議定書です（二〇〇三年締結）。

内容を簡単に説明すると、遺伝子組換え技術を施した全ての生物が、国境を越えるときのルール（輸出入するときの手続き）です。日本では、二〇〇三年にカルタヘナ議定書が締結されたことを受けて、同年に「遺伝子組換え生物等の使用等の規制による生物の多様性の確保に関する法律（通称カルタヘナ法）」が公布され、翌年に施行されました。

遺伝子組換え生物の取り扱いについての国内法であり、環境への影響が無いと承認されたものだけを開放系（屋外に通じる空間）で使用可能とし、それ以外は閉鎖系（実験室の適切な空間）で、物理的あるいは生物的に封じ込める方法を指定しています（バイオセーフティレベル、BSL）。

つまり、承認された生物以外は、環境に拡散させないようにするということです。扱いの危険性によって、封じ込めの度合いを四段階に分け、それぞれ「物理的封じ込め（Physical containment）」の頭文字からP1〜P4と略していましたが、病原体（Pathogen）や防御（Protection）の頭文字と勘違いされることが多々あったことから、最近ではBSL−1〜BSL−4と言い換えるようになっているようです。バーグの頃に制定されたものからは、かなり緩和されましたが、それでも、かなり厳しい基準です。しかし、そうしたルールを守って、自制的に研究することが、生命科学研究者一人一人の矜持でもあります。

しかし、一部に、倫理基準の緩い国があるのも事実です。例えば二〇一五年四月に、中国から、ヒトの受精卵の遺伝子を編集したという研究論文が発表されました。発表された雑誌は、ほとんど無名でしたが、そのショッキングな内容から、同月二十二日の科学雑誌「ネイチャー」にニュースとして取り上げられました。

不妊治療のために体外受精された卵のうち、染色体数異常が確認されたため母体に戻されなかったものを材料にしたそうですが、あまりにも軽率すぎると世界中の研究者から批判の声が上がっています。その中国の研究グループも、遺伝子導入作業によって予期せぬ遺伝子変異が確認されるなど、技術的に未熟すぎる行為であったことを認めています。

事が事だけに、早急に全世界的に研究の規制基準を設けるべきだろうと思います。米国科学アカデミーと米国医学アカデミーでは、二〇一五年五月に、ヒト遺伝子の実験取り扱いガイドライン作成に乗り出すことを発表し、同年十二月には、ワシントンD.C.で、米国科学アカデミーと米国医学アカデミー、英国王立協会、中国科学院が、「ヒトゲノム編集に関する第一回国際サミット」を開催しました。その後も、二〇一八年十一月に香港大学で、第二回国際サミットが開催され、議論が続けられています。

ショッキングだったのは、サミット直前に「中国の研究者が、ヒト免疫不全ウイルス（HIV：二二〇頁）に耐性がある遺伝子を持つ双子の女児を誕生させた」というニュースが飛び込んできたことです。より正確には、HIV陽性の父親とHIV陰性の母親が研究に参加し、体外受精させた受精卵に遺伝子編集を施して、母親に戻したということです。実は、ごく稀に存在する、HIVに耐性を持つ遺伝子変異が知られていて、今回の遺伝子編集は、その変異を人工的に施したようです。しかし、この研究は、倫理審査書類を偽造して行われており、とうてい看過（かんか）されうるものではありません。

また、研究者サイドからは「目的の変異に編集できていない」「そもそも、その変異を持つ者は別の一般的な疾病に罹りやすいため短命の傾向がある」「すでに、HIV陽性の父親からの新生児に対する感染を、体外受精時のウイルス除去で防御する方法が確立されている」などの指摘があり、医療行為としても非常識なものでした。

その後、二〇一九年十二月に関係者は処罰されたということですが、何とも後味の悪い事件でした。

一方、日本遺伝子細胞治療学会と米国遺伝子細胞治療学会（ASGCT）では、二〇一五年の八月に、技術的かつ倫理的問題が解決し、社会的な合意が得られるまで、当面の間、ヒト受精卵利用を厳しく禁止すべきという声明を発表しています。続けて、日本遺伝子細胞治療学会、一般社団法人日本人類遺伝学会、公益社団法人日本産科婦人科学会、一般社団法人日本生殖医学会（関連四学会）は、二〇一六年四月に「人のゲノム編集に関する関連4学会からの提言」を発表し、二〇一八年十二月には同内容を声明として出しました。ただし、あくまでヒト受精卵への応用であって、体細胞や他の実験動物などを規制するわけではありません。そこは注意が必要になります。

現在、人類の科学は、より直接的に、生物の遺伝子を改変できるところまで発展しました。しかし、それは、生命の誕生から数十億年かけて行われてきた自然の営みと、基本的に変わることはありません。最近の研究では、種を超えた遺伝子組換えですら、普通に自然界で起きていると考えられています。

もちろん、ヒトも例外ではありません。

例えば、肌の保水や関節軟骨の機能維持に重要なヒアルロン酸に関係する遺伝子は、ある種の菌類と遺伝子組換えされたものらしいですし、ＡＢＯ式の血液型を決める糖鎖に関係する遺伝子も、実は細菌と遺伝子組換えされています。

ＧＭ作物に反対する人たちが唱える、外来遺伝子が危険であるという主張には、生命史から見ても根拠はありません。もっとも、長い時間をかけて淘汰(とうた)されてきた遺伝子組換えと、今の技術による急な遺伝子導入では違うと言われるかもしれません。しかし、自然淘汰の代わりに、新しい製品には、安全検査が義務付けられています。安全検査の妥当性や厳密さを議論することは必要ですが、技術に対する批判には、もはや科学的な意味は無いと言って良いと思います。

一般の読者の方にとって、遺伝子組換えという言葉には、物凄く不自然なイメージがあるのかもしれません。しかし、実は自然界では、当たり前に起きていることなのです。

実は、私たちが、いつも食べている、古くからある作物も、ゲノムを調べると、頻繁に突然変異が起きています。目に見えて形や味が変化しないので気がつかないだけです。それが進化の原動力なのですから、当たり前といえば、当たり前なのです。

そもそも自然科学は、自然から法則を学ぶことです。科学技術にできることは、自然法則を応用しているに過ぎません。そういう意味では、人間に「不自然なこと」―「自然の法則に逆らうこと」はできない、とも言えます。

言うなれば、どれだけ科学が進んでも、お釈迦様の手のひらの上で飛び回る孫悟空のようなものなのかもしれませんね。

性の決定と遺伝子

X染色体とY染色体

エッチな話を想像した読者がおられたら、先に謝っておきましょう。本項のテーマは「性」ですが、ご期待には添いかねます。

性について、真面目に考えると、これがナカナカに難問で、生物の未解決問題の一つに挙げられます。実は、微生物（単細胞生物）の世界では、普段は無性生殖といって、自分自身の細胞分裂だけで増殖します。いわゆるクローンですね。

ところが、細胞分裂の回数を重ねると分裂できなくなって、別の細胞とDNAを交換します。これを接合といいます。接合の相手は、誰でも良いわけではなくて、自分と違うタイプを選びます。そう、これが微生物にとっての性なのです。

しかし、微生物の性を私たちのイメージで捉えると、違和感を覚えるでしょう。なぜなら、彼らの性別は何種類もあるからです。ゾウリムシに至っては、一六種類もあるそうです。いったい、生物の性別が雌雄しかないなどと、誰が決めたのでしょうか。

しかしながら、私たち、ヒトを含めた多細胞生物にとっての性は、雌雄の二つです。

なぜ雌雄の二つなのかと言えば、それは遺伝子レベルで決まっているからです。一般的に、性別を決定する遺伝子は、一つの染色体にパッケージングされており、それを「性染色体」といいます。性染色体以外の染色体は、「常染色体」です。

性染色体が雌雄で明確な生物の場合、性の決定には、四パターンあります。一つは、メスを基準にした場合で二パターン、もう一つはオスを基準にした場合で二パターンです。この場合の基準とは、基本となるゲノムのことです。ヒトの場合はX染色体を持つゲノムが基準になりますから、二倍体でX染色体のホモ接合（XX）が女性になります。

一方で、ヒトの男性は、X染色体とY染色体のヘテロ接合（XY）です。ヒトの他にも、ほとんどの哺乳類や、ショウジョウバエなど昆虫の一部は、このパターンです。要するに、メスのゲノムを基準にして、Y染色体上にある遺伝子が、身体を

◆性の決定の４パターン

	オスヘテロ型		メスヘテロ型	
	XY 型	XO 型	ZW 型	ZO 型
オス	XY	X	ZZ	ZZ
メス	XX	XX	ZW	Z

オスにするわけです。

メスの身体をベースにして、オスの身体を作るパターンを、オスヘテロ型（XY型、XO型）といいます。ヒトの場合、Y染色体上に、身体を男性化するためのスイッチになる遺伝子があって、それをY染色体性決定領域遺伝子（SRY遺伝子）といいます。

SRY遺伝子が作るタンパク質は、SRYと表記して良いのですが、遺伝子が見つかる前に名付けられていた経緯から、精巣決定因子（TDF）とも呼ばれます。その名の通り、マウスの実験ではTDFタンパク質をXXの受精卵に発現させると、精巣が作られてオス化しますし、XYの受精卵でSRY遺伝子をノックアウト（働かなくすること）するとメス化します。

Y染色体はX染色体が変化したものと考えられていて、特に哺乳類では小型化する傾向にあり、一部のげっ歯類（ネズミの仲間：アマミトゲネズミ、トクノシマトゲネズミ、モグラレミングの一部など）に至っては、Y染色体が失われています。つまり、性染色体が、Xの一本だけということです。これもオスヘテロ型の一種でXO型といいます。他にバッタやトンボの仲間もXO型です。XO型では、SRY遺伝子も失われていて、代わりの遺伝子があるはずなのですが、詳しいことは分かっていません。

オスヘテロ型（XY型、XO型）と、全く逆のパターンが、メスヘテロ型です。メスヘテロ型では、性染色体をZ染色体とW染色体と表記します。つまり、Z染色体のホモ接合（ZZ型）がオスになり、Z染色体とW染色体のヘテロ接合（ZW型）、あるいはZ染色体が一本の場合（ZO型）、メスになります。

厳密に言うと、Z染色体は、X染色体と変わらないのですが、混乱を避けるために、ZやWの記号を使っています。ZW型の性決定をする生物には、鳥類・爬虫類・両生類・魚類の一部・鱗翅目（りんしもく）（蝶や蛾の仲間）の多くが、ZO型には、ミノガやトビケラの仲間がいます。メスヘテロ型（ZW型、ZO型）の性決定は未解明で、オスヘテロ型におけるSRY遺伝子のようなものは見つかっていません。

ハエの眼の色を決める遺伝子

性染色体の上には、性決定遺伝子の他にも、様々な遺伝子があります。そうした遺伝子の突然変異は、性と一緒に発現します。これを「伴性遺伝」といいます。二〇五頁で紹介するモーガンの実験では、ショウジョウバエの眼の色を決める遺伝子が、伴性遺伝でした。

伴性遺伝は、ヒトの病気で耳にすることが多いかもしれません。というのも、突然変異の影響は潜性遺伝のことが多いからです。前述しましたが（三一頁）潜性遺伝は、かつて劣性遺伝と呼ばれていました。実は「遺伝子が発現しやすい／しにくい」という意味を明確にするため、二〇一七年九月に日本遺伝学会が、遺伝の「優性／劣性」を「顕性／潜性」に変更したのです。

通常、私たちは、同じ種類の遺伝子が載った、父由来と母由来の染色体を二本一組で持っています。つまり、遺伝子も二個一組ということです。これをアレルといいます（かつては対立遺伝子と呼ばれていました）。このとき、どちらの染色体に載った遺伝子を使うかは、別の調節機能があり、アレルが異なる（ヘテロ接合）場合、結果的に、生存に有利な遺伝子が機能します（生存に関係なければランダムです）。

ところが、性染色体上の遺伝子が変異している場合は、少し勝手が違います。ヒトはXY型ですから、女性の場合はX染色体を二本持っているので、潜性遺伝の場合、両方のX染色体に同じ変異がなければ発現しません（厳密には、三四頁で触れた「X染色体の不活性化」により複雑な調節を受けます）。しかし、男性の場合、X染色体とY染色体が一本ずつなので、X染色体の変異は、選ぶまでもなく発現することになります。

そのため、伴性遺伝の疾患は、男性に多く発症します。伴性遺伝かつ潜性遺伝の疾患には、一型色覚および二型色覚（赤色と緑色の色覚異常）や血友病（血液凝固因子が無い／活性が低いため、出血傾向になる疾患）があります。ただし、血友病患者の四人に一人が突然変異によるとも言われていて、研究が進められているところです（女性の患者さんもいます）。

一方、伴性遺伝かつ顕性遺伝の疾患もあります。例えば、レット症候群は、女性に特有の進行性神経疾患で、脳機能の発達が遅滞します。男性のレット症候群患者がいないのは、原因遺伝子の変異が致死性（妊娠中に胎内で亡くなる）だから、と考えられています。まだ根本的な治療法は見つかっていませんが、研究が進めば、将来的に遺伝子治療ができることが期待されています。

通常、私たちの染色体が二本一組であることは先に述べました。これを二倍体（ダイソミー）といいます。そして、染色体の数が多かったり、少なかったりすることを「異数体」といいます。異数体には、染色体が一本（片親分）しかないモノソミー、三本あるトリソミー、四本あるテトラソミーなどがあります。ちなみに、モノ、ジ（ダイ）、トリ、テトラ、ペンタ、ヘキサ、ヘプタ、オクタ、ノナ、デカは、それぞれギリシャ語の数詞で一から一〇を意味します。

常染色体の異数体による疾患では、二一番染色体のトリソミー（ダウン症候群）が有名です。一方、性染色体の異数体は、常染色体より症状の軽いことが多く、気づかずに生涯を終える方も少なくありません。以下に、その中でも有名なものを紹介します。

X染色体のモノソミーに、「ターナー症候群」があります（XO女性）。主な症状は、先天性の心疾患や第二次性徴が無く不妊であることです。ちなみにY０男性は存在しません。なぜなら、生物にとって必須の遺伝子がX染色体に集中しているため、X染色体が無いことは致死性だからです。

次に性染色体のトリソミーですが、三パターンあります。

まずは、「クラインフェルター症候群（XXY）」です。クラインフェルター症候群は、通常の男性よりもX染色体が一本多く、第二次性徴が無い／身体の発育が良くないことが多く、心疾患や運動能力の低下が問題になることもあります。身体的な特徴は男性を示しますが、乏精子症を伴うため、不妊治療外来で検査して初めて分かることも多いようです（人工授精は可能）。男子の出生、六〇〇人から一〇〇〇人に一人の割合で生まれているというデータがあります。クラインフェルター症候群は、トリソミー（XXY）だけではなく、テトラソミー（XXXY）以上も含みます。また、X染色体の数が多いほど、症状も重くなる傾向にあります。ちなみに、オスの三毛猫が珍しいのは、クラインフェルター症候群だからです（三五頁）。

残り二つの性染色体トリソミーは、超男性（XYY）と超女性（XXX）です。この二パターンは、ほとんど何も問題ありません（不妊でもありません）。身体的な特徴としては、高身長の方が多いようです。

こうした異数体が生じる原因は、精子や卵を作るときの突然変異です。環境や生活習慣よりも、老化による影響が大きいと考えられています（いわゆる高齢出産のリスクです）。精子や卵の素になる細胞は、常に分裂を続けています。一回毎の突然変異率は同じでも、分裂回数が積算されると、変異した細胞が増えるのも仕方ありません。

二〇一五年七月、加齢による異数体の原因を突き止めたという研究が理化学研究所の北島智也チームリーダーから発表されました。また、二〇一九年一月には、大阪大学蛋白質研究所の篠原彰教授らの研究グループが、それまでに知られていなかった減数分裂（二〇五頁）期の染色体分配について詳細なメカニズムを解明しました。まだ時間はかかるでしょうが、この分野の研究が進めば、異数体による疾患の予防法開発につながる可能性もあります。

Part Ⅲ

「遺伝学」とＤＮＡをめぐる冒険

遺伝学の祖メンデル

グレゴール・ヨハン・メンデル（一八二二～一八八四）
オーストリア帝国・ブリュン（現・チェコ共和国のブルノ）の司祭。

メンデルはどのような人物か？

遺伝学の祖グレゴール・メンデルの名前をご存じの方も多いと思います。彼はどのような人物だったのでしょうか。また、「遺伝学」とはどのような学問なのでしょうか。

実は、昔から生物の「遺伝現象」は知られていました。特に、十九世紀のヨーロッパでは、牧羊とブドウの品種改良が熱心に行われていました。後に、メンデルが入ることになる修道院のナップ院長は、「効率良く品種改良するためには、遺伝の法則を見つけなくてはいけない」という趣旨の発言をしていました。当時の交配は試行錯誤であり、偶然に頼るしかなかったのです。

それどころか、十九世紀は「生物学」という言葉が「博物学」から生まれたばかりだったのです。簡単に言うと、博物学とは「様々なものを集めて、並べて、比べて、分類する」ことです。まだまだ素朴な時代だったのです。

今でこそ生物学も「複雑な現象を単純化して理解し、仮説を立て、計画的な実験を行い、結果を統計処理して、一般化されたモデル（例えば数式）として説明する」という研究方法が一般的ですが、当時は、まだ物理学や化学においてだけでした。

そんな時代に、メンデルは、オーストリア帝国のモラヴィア地方（現・チェコ共和国）の比較的裕福な農家に生まれました。小学校の校長先生が都会の学校への転校を勧めるほどに賢く、転校先でも成績優秀だったメンデルは、王立ギムナジウム（国立の中高一貫教育校）に進学します。しかし、裕福とはいえ小さな農家の収入です。メンデルの学費や寮生活の費用は、家計にとってかなりの負担でした。

しかも、この時期、父親が農園で大怪我をしたため、金銭面では相当に苦労したようです。卒業後、メンデルは家業の農園で働くことにしますが、父親は向学心の強い息子のために農園を売り払います。そしてメンデルをオロモウツ大学（現・パラツキー大学）の哲学科に進学させました。当時の哲学科では、自然科学全般も勉強しました。

メンデルは家庭教師をしながら二年間で課程を修了します。普通は、さらに学んで学位や教員の資格試験を受けるのですが、それ以上は金銭的な理由で大学に残れませんでした。

そこで一八四三年にメンデルは修道士になる決心をします。聖アウグスチノ修道会に入会すると、修道名のグレゴールを与えられて、モラヴィア地方第二の都市ブルノの、ナップ院長がいる聖トマス・アウグスチノ修道院に所属しました。

読者の皆さんは、なぜメンデルは修道士になったのだろう？と思うかもしれません。メンデルの決断を理解するには、十九世紀のオーストリアの社会背景を知る必要があります。当時の修道院は、キリスト教の施設であるだけでなく、同時に地域の学問と文化の中心だったのです。

まずは見習い期間があり、次に神学校へ入学して、修道士になる勉強をします。

同時に修道院での仕事もあります。ナップ院長は、自然科学の得意なメンデルをブドウの品種改良に参加させました。確かに、子孫へと特徴は遺伝する――しかし、全く規則性が見えません。

メンデルは、「遺伝の謎を解きたい！」と熱望しました。しかし、同時に、育種に時間のかかるブドウが材料では、遺伝の謎を解くのは難しいとも考えていました。

彼の性格は愚直で真面目、しかも口下手で、あまり人間関係の要領は良くなかったようです。神学校を成績優秀で卒業し、司祭になったメンデルですが、配属された病院付きの神父としては失格でした。なぜなら、患者の死と向き合うには繊細すぎたからです。

心を病んでしまったメンデルに、ナップ院長はギムナジウムの代用教員になることを命じました。数学とギリシャ語を教えたのですが、こちらは水が合ったようで、ナップ院長は、メンデルに正教員の資格試験を勧めます。メンデルは二年で大学を出たため受験資格が無かったのですが、特別に推薦されたのです。

ところが、受験日程を知らせる連絡が遅れて届くというアクシデントが発生。メンデルは試験日に遅刻したために生物学と地質学を受験できず、不合格となりました。

しかし、このとき彼に幸運が訪れます。

試験委員長の教授がメンデルの才能を見出し、ウィーン大学の博士課程に推薦してくれたのです。ウィーン大学といえば、オーストリア帝国で一番、ヨーロッパでも有数の大学です。一八五一年、メンデルは憧れのウィーン大学で、得意な数学や物理学を中心に化学や動植物の解剖学・生理学までを思う存分に学びます。

このとき、最先端の知見を得たことが、後のメンデルに大きく影響しました。特に化学者ジョン・ドルトンの「原子説」を学んだことは、遺伝の謎を解く大きなヒントになりました。メンデルは、「遺伝という現象」にも、物質における原子に相当する基本粒子があるのでは？　と思いついたのです。

ところで、ウィーン大学でメンデルに数学と物理を教えたのは、クリスチャン・アンドレアス・ドップラー（洗礼名：ヨハン・クリスチアン・ドップラー）です。近づいてくる音が甲高くなり、遠ざかる音が低くなる「ドップラー効果」で有名な彼は、メンデルが進学する一年前に、ウィーン大学物理学研究所の所長として赴任していました。

つまり、ドップラーの教え子であるメンデルは当時最先端の実験物理学を学んでいたということです。メンデルは、ウィーン大学で各分野における最先端の科学知識と「モデル（理論）を立てて実証実験する」という、現代的な自然科学の研究方法を身につけました。

新しすぎた主張

さて、二年間たっぷり学んだメンデルは、意気揚々（ようよう）と聖トマス修道院に戻ります。修道院に戻るとすぐに有名なエンドウ（えんどう豆）の実験を開始しました。おそらく、ウィーン大学で学びながらも、「遺伝の謎」については思索を深めていたのでしょう。研究の初期から、ある種の確信をもって実験を進めていたようです。

ウィーン大学から戻った彼は、研究活動の一方、高等学校で物理学と自然史学の教師もしていました。しかし、メンデルは相変わらず代用教員の身分だったので、数年後、改めて正教員の資格試験を受けます。今度は、遅刻せずにウィーン大学で受験できたメンデルですが——結果はまたしても不合格でした。試験官である生物学の教授と論争してしまったのです。

口頭試問において試験官の教授は「植物の胚は、花粉管からできる」という当時の学説を答えて欲しかったのですが、メンデルは自分の研究と実験結果から「胚は、雌雄の合体で作られる」と主張しました。

もちろん現代から見れば、メンデルの答えが正解です。しかし、十九世紀当時においてメンデルの主張は新しすぎたため、旧来の学者に拒まれたのでした。メンデルの要領の悪さが仇になったのでしょう。メンデルの後の悲劇を予感させるものがあります。いずれにせよ、メンデルはアカデミックな肩書きや資格とは、最後まで無縁でした（学位を取る道もありましたが、そもそも興味が無かったそうです）。

さて、実験を始めてから十二年目の一八六五年、ようやく研究をまとめたメンデルは、ブルノ自然科学学会で二回も口頭発表します。しかし、周囲の反応は、あまりにも冷淡であり、メンデルを落胆させました。

彼の研究は、遺伝子という仮想粒子の振る舞いをシンプルな法則として説明します。それは、生物を博物学的に研究している人たちにとっては新しすぎたのでしょう。統計や数式を駆使した徹底的な実証が「生物学と物理学は違う」として、かえって理解を遠ざけたのです。現代科学では、当然の研究方法なのですが……。

翌年、メンデルは論文「雑種植物の研究」を「ブルノ自然科学学会誌」に投稿します。そして、当時の主だった大学や有名な生物学者に論文を送ったのですが、ほとんど理解されなかったようです。

その後、メンデルは遺伝の研究から離れました。亡くなったナップ院長の後任として一八六八年に修道院長に選ばれたため、職務が多忙になったのです。さらには、オーストリア政府から修道院に課せられた不当な重税の抗議活動に忙殺されます。他の修道院が政府に屈する中で抗議を続け、最後には身体を壊したのです（この税はメンデルの死後に撤回されました）。

一八八四年に六十一歳で亡くなったときには、宗派を超えた信者が参列し、葬列が二キロメートルも続いたそうです。

メンデルには学位や肩書きのような権威はありませんでしたが、当代一流の科学者であったことは間違いありません。そして、立派な宗教家であり、信念の人でした。

メンデルは、院長就任後も、仕事の合間を見つけてはミツバチの飼育を研究し、気象観測をして、研究発表を続けました。亡くなったときには、気象学者としてのほうが有名だったそうです。

メンデルの死から十六年。生前には無視され続けた彼の遺伝研究の成果は、三人の生物学者ユーゴー・ド・フリース、カール・エーリヒ・コレンス、そしてエーリヒ・フォン・チェルマクによって再発見されました。そしてメンデルの残した業績は、二十世紀に「遺伝学」として大きく開花したのです。

「遺伝の法則」が見つかるまで

両親に似なくても祖父母に似る⁉

メンデルの時代、親の形質が子に伝わる「遺伝」は知られていましたが、その仕組みは、明らかになっていませんでした。

子供の形質は、父母のどちらかに似ることもあれば、両方に似ることもあり、あるいは、どちらにも似ないことさえあります。一見して規則性が分からないため、両親の形質は、液状になって混合し、子供の代に伝わるという混合説（融合説ともいいます）が考えられていました。

しかし、「両親には似なくとも、祖父母の代には似る」ことも知られていたのです。これは、混合説で説明するのは難しい現象です。むしろ、子供の代に現れない形質も、そのまま保持されていると考えるほうが自然でしょう。メンデルは、ドルトンの原子説をヒントに、形質を伝える粒子を想像しました。

粒子の正体は分からないが、実験によって、性質を暴く（あば）ことはできる——。そのように考えたわけです。

メンデルが慧眼だったのは、遺伝の実験には純系（単一の遺伝形質を持った品種）が必要である、と理解していたことです。彼は、準備期間に数年かけて栽培種から純系を選り（よ）分けました。つまり、幾つかの形質に注目しながら、何代か自家受粉を繰り返して、常に同じ形質が現れる品種を選抜していったのです。

そうして得られた、エンドウ（えんどう豆）の純系品種を使って、交雑（掛け合わせ）をしては、形質を調べて統計を取ることを繰り返しました。実験で栽培した数は、優に数万株を超えるのだとか。それをまとめたのが、いわゆる「メンデルの法則」です。ちなみに、メンデル自身は自分の発見を「メンデルの法則」と名付けておらず、彼の研究を再発見した一人であるコレンスが命名したようです。

メンデルの法則は、三つありますが、順番に理解すれば難しいものではありません。エンドウの形質を使ったメンデルの実験を追ってみましょう。

まず、丸い形の豆が収穫できるエンドウと、シワシワの形の豆が収穫できるエンドウを交雑します。そうしてできる雑種の一代目からは、必ず丸い形の豆が収穫できました。つまり、丸い豆の形のほうが、シワシワの形より、遺伝しやすいことが分かります。要するに、形質には、遺伝しやすいもの（顕性）と、遺伝しにくいもの（潜性）があるわけです。

次に、この雑種を自家受粉しました（雑種二代目）。すると、丸い形の豆と一緒に、シワシワの形の豆も収穫できました。丸い形とシワシワの形を数えると、およそ三対一の割合になりました。つまり、雑種二代目を自家受粉したときは、顕性の形質と一緒に潜性の形質も三対一で出現するのです。

要するに、遺伝しにくいと思われていた形質も、「遺伝していないわけではなかった」のです。顕性・潜性は、かつて優性・劣性と呼び表されていましたが、「形質の優劣」を意味するわけではありません。誤解されやすいところなので、改めて付記しておきます（三一頁）。

メンデルは一流物理学者

今、豆の形を見てきましたが、他にも、「背丈の高い／低い」や「子葉（および老化した葉）の色が黄／緑」などの形質でも、同じ性質が確認できました。しかも、これらの形質の組み合わせには、相関関係がありません。つまり、遺伝する形質は、互いに独立しているのです。

以上の三つをまとめると、こうなります。

まず、遺伝する形質は、独立した要素であること。

次に、それぞれの要素には、顕性と潜性があること。

そして、雑種一代目では顕性の形質だけが現れるが、雑種二代目では顕性と潜性が三対一の割合で現れること。

どうでしょう。かなり、遺伝の規則性が分かってきましたね。

次にメンデルは、この規則性を記号で説明しました。前述したように、メンデルは、当代一流の物理学者でした。物理学的には、現象を把握した後に、数式のようなモデルで説明することは、ごく自然です（それが、かえって当時の博物学的な生物学者の理解を遠ざけてしまったのですが）。

メンデルの考えた遺伝のモデルが、どのようなものかを説明しましょう。まず、顕性の要素をA、潜性の要素をaと、記号で表します。メンデルは、すでに胚が雌雄の合体で作られることを知っていましたから、各個体の持つ遺伝の要素は、二個

◆メンデルの３つの遺伝法則

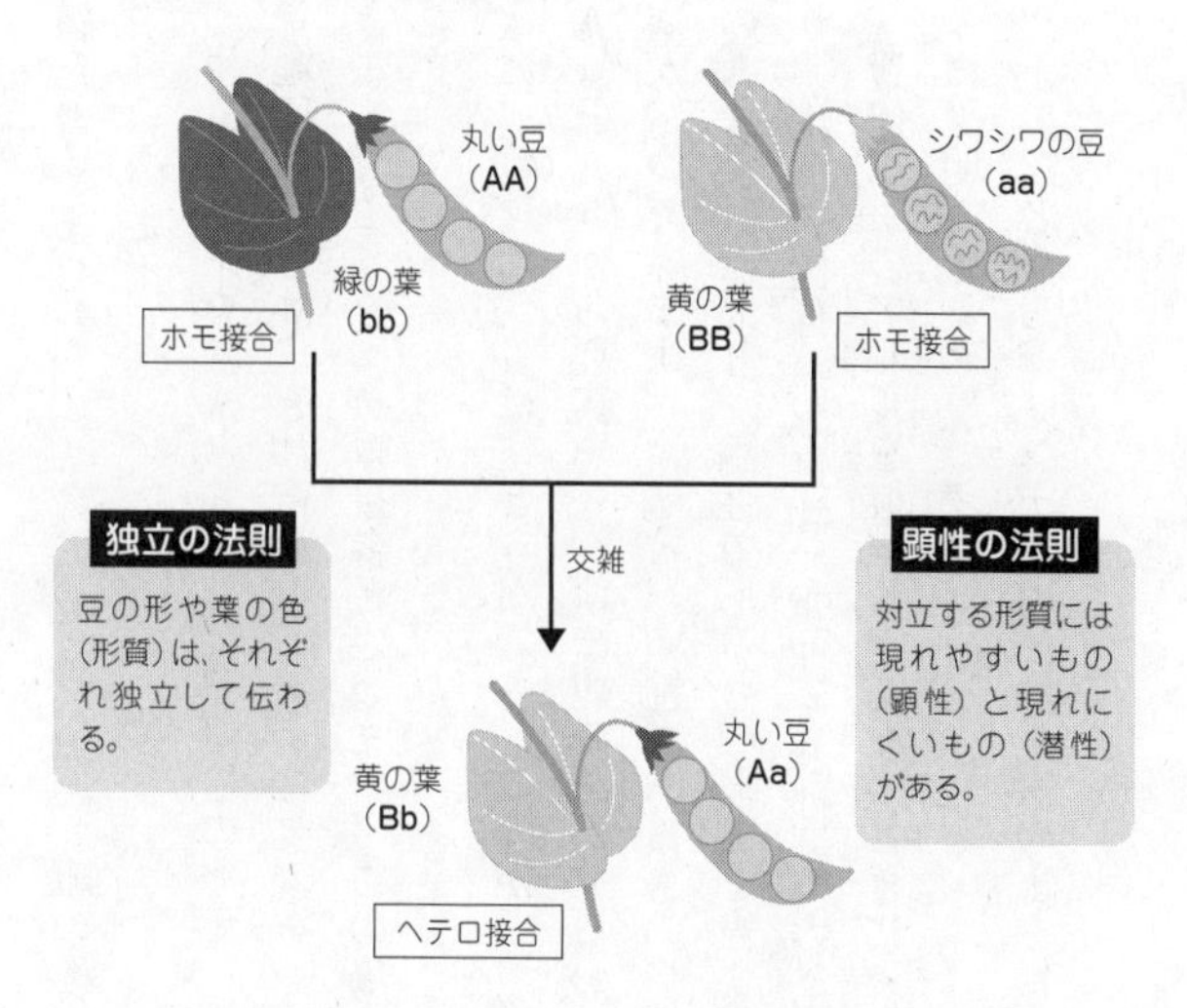

	A	a
A	AA	Aa
a	Aa	aa

A：a = 3：1

分離の法則

対立する形質を伝える要素（遺伝子）がヘテロ接合になっている個体（雑種）同士を交雑すると、対立形質の発現は、顕性：潜性が３：１になる。これは、交配するときに要素が一つずつ分配されるからである。

一組と考えました。今では、この二個一組の要素をアレル（かつての「対立遺伝子」）といいます。

つまり、純系をＡＡとａａで表記するのです。これをホモ接合といいます。すると、雑種一代目は、それぞれの純系から要素を一つずつ組み合わせて、Ａａと表記できます。これをヘテロ接合といいます。この場合、Ａａの表す形質は、顕性のＡです。

次に、雑種二代目は、どうなるでしょうか。

ＡａとＡａから要素を一つずつ組み合わせるわけですから、ＡＡとａａ、それにＡａが二つできます。すると、顕性であるＡの形質を表す組み合わせは、ＡＡと二つのＡａで計三通り。潜性であるａの形質を表す組み合わせは、ａａの一通り。つまり、雑種二代目の形質は、顕性と潜性が三対一になることが分かります。つまり、遺伝因子のアレルを仮定し、交配のときに一個ずつ分配されると考えれば、キレイに説明できるわけです。

以上のことから、メンデルの法則を次のようにまとめることができます。

一．顕性の法則（遺伝の要素には、顕性と潜性がある）
二．分離の法則（遺伝の要素は、二個一組のアレルで、交配のときに一個ずつ分配される）
三．独立の法則（各遺伝の要素は、独立して伝わる）

人間の場合は……

植物だけではなく、人間で分かりやすい例を挙げると、ＡＢＯ式の血液型があります。この場合、顕性な形質はＡとＢで、Ｏは潜性です。ＡＡやＢＢ、ＯＯは純系ということです。ちなみに、このＡＢＯ式の血液型は、赤血球の表面にある糖鎖という物質の種類で分類したものです。

糖鎖は、名札のようなものと考えてください。Ａ型とＢ型の人は、それぞれＡやＢの名札を赤血球に付けています。ＡＢ型は、ＡとＢの二種類の名札を付けているのです。

それでは、Ｏ型は？　というと、実は名札がありません。Ｏ型はアルファベットのＯではなく、数字のゼロという説もありますが、ドイツ語の前置詞 ohne「無しで、空の」から取った可能性も指摘されています（正確なことは伝わっていません）。

話が遺伝からズレましたね。

血液型で「メンデルの法則」を確認できるということが言いたいのでした。例えば、純系のA型（AA）とO型（OO）の人が結婚して、子供を作ったとします。生まれてくる子供は、必ずA型です（ただし、組み合わせはAO）。これは「顕性の法則」ですね。ちなみにAB型のように、ヘテロで中間の形質が現れることを「不完全顕性」といいます。

純系でないA型（AO）同士で結婚した場合は、AAが一人、AOが二人、OOが一人という組み合わせが考えられます。四人の子供を産んだら、三人がA型、一人がO型になる可能性が高いでしょう。これは「分離の法則」で、アレルが分配されることから計算できます。

ちなみに、普通、人間は一度に一人しか子供を産まないので、前述の可能性は、あくまで確率に過ぎません。他の動物のように多胎であれば、およそキレイな割合になることが「分離の法則」から計算できます。血液型と手足の長さや皮膚の色、くせ毛と直毛などは関係なく、これは「独立の法則」により決まります。

このようにメンデルは、難解に思えた「遺伝の法則」をシンプルに表すことに成功したのです。

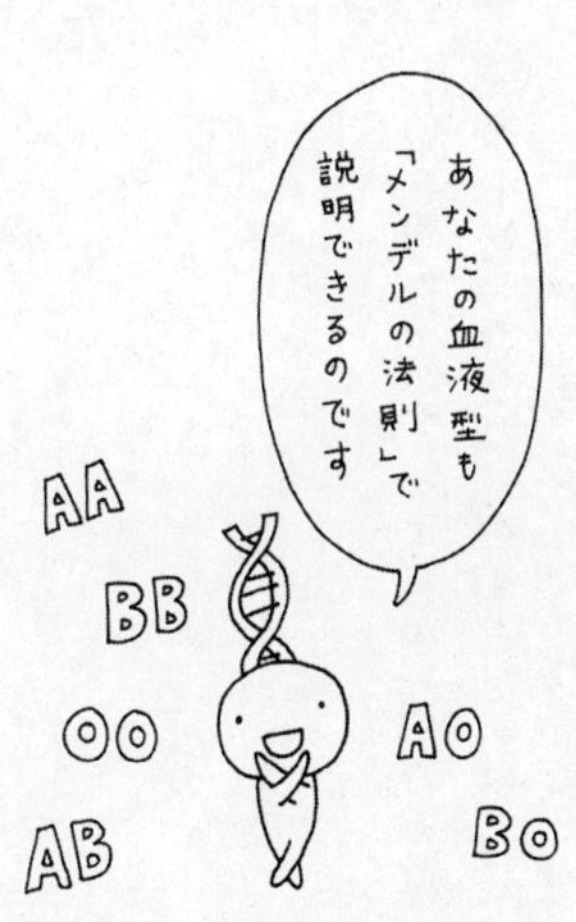

遺伝子と染色体のあいだ

遺伝子の正体を求めて

遺伝学の祖メンデルは、実は、「遺伝子」という語を用いていません。初めて遺伝子という用語を使ったのは、ウィリアム・ベイトソンでした。ベイトソンは、ユーゴー・ド・フリース（一九〇〇年にメンデルの法則を再発見した一人）の論文でメンデルのことを知り、メンデルの論文を英訳して世に広め、遺伝子や遺伝学などを造語しました。ベイトソン以降、遺伝子の概念は広まりましたが、遺伝子の本体が、どのような物質なのかは不明でした。

少し時代を遡った一八四二年、カール・ヴィルヘルム・フォン・ネーゲリが初めて顕微鏡で細胞分裂を観察し、「染色体（クロモソーム）」を細胞核の中に見つけました。ただしネーゲリは染色体の重要性には気づかず、名付けたのはハインリヒ・ワルダイエルでした（一八八八年）。ネーゲリの観察から四十年も過ぎた一八八二年に、染色体が細胞分裂と関係することを見つけたのは、ヴァルター・フレミングです。フレミングは、アニリンという塩基性（アルカリ性）の物質で核内が染まることに気づきました（だから染色体なのです）。

一九〇二年に、ウォルター・サットンは、バッタの生殖細胞（精子や卵）を使って「減数分裂」を発見しました。減数分裂は、生殖細胞に特有の現象で、染色体の数が半減する細胞分裂のことです。染色体の半分が遺伝形質の「要素」だとすれば、これはメンデルのモデルを上手く説明する現象でした。

ある学者の挑戦

それでは、遺伝子と染色体の間には、どのような関係があるのでしょうか。

それを実証したのは、トーマス・モーガンです。元々、海洋生物を研究材料にした発生学（受精から個体へと成長するまでのメカニズムを研究する学問分野）で学位を取ったモーガンは、研究当初、ダーウィンの進化論に興味があったようです。進化について研究するには、何百世代も実験生物を追いかけ続ける必要があります。それには、生活環（誕生から次世代の生殖までのサイクル）が短い生物を使わなくてはいけません。

ちょうど、モーガンがコロンビア大学教授に就任した頃（一九〇四年）は、「メンデルの法則」の再発見に注目が集まり、サットンが「染色体説」を提唱した直後にあたります。当時、まだまだ遺伝子は抽象的な存在であり、染色体の働きも分かっていません。モーガンも当初は、「染色体説」や「メンデルの法則」を疑っていたようですが、ド・フリースのオオマツヨイグサを使った突然変異の研究を見学したことで興味を持つようになり、彼は動物で突然変異を確かめようと考えました。

ちなみに、突然変異とは、生物の形質が、祖先から受け継がれてきたものから変わってしまうことです。

数年が過ぎて、学生が、モーガンの研究室に、実験動物としてキイロショウジョウバエを持ち込みました。コバエとも呼ばれる、台所を飛び回る小さなハエの仲間です。ショウジョウバエは、酒に集まります。実際には、酒だけが好きというわけではなく、お酢にも寄ってきます。自然環境では、熟した果物や樹液で繁殖する酵母を食料にしているのです（モーガンは、バナナを窓辺に置いて捕まえたのだとか）。

そんなショウジョウバエの生活環は約十日で、寿命は約二カ月と非常に短いものです。それに体長二〜三ミリメートルと小さく、大量に飼育しても省スペースです（牛乳瓶一本くらいの容器で数十匹を飼えます）。餌もすぐ手に入るし、飼育も容易でした。つまり、実験動物としてメリットが大きいのです（生理的に苦手な人はいるでしょうけれど……）。

そうしたメリットから、モーガンは、キイロショウジョウバエで、遺伝学的な研究をしようと考えました（一九〇七年頃）。キイロショウジョウバエは、勃興してきたばかりの遺伝学を研究する対象としても色々と有利でした。

白い眼のショウジョウバエ

例えば、メスのハエ一匹は、一日に五〇個もの卵を産みます。「メンデルの法則」は、あくまで確率の話なので、大量の子供を解析できると検証しやすいのです。また、染色体が八本（四対）しかないため、遺伝子が染色体と関係あるならば、解析が容易なはずです（ヒトは二三対、四六本です）。

さらに、キイロショウジョウバエの唾液腺細胞の染色体（唾腺染色体）が特殊でした。というのも、細胞分裂をしないまま複製を繰り返すため、同じ染色体が何本も重なって太くなるのです（多糸化といいます）。通常の細胞核にある染色体に比べて巨大なので、顕微鏡で楽に観察できます。当時の顕微鏡の性能では、普通の細胞の染色体は上手く見えなかったのです。

しかし、実験当初は、めぼしい突然変異は見つかりませんでした。熱を与えたり、酸やアルカリを注射したり、死なない程度の刺激を与えては飼育を続けますが、生まれてくるのは、赤い眼に縞模様を持った、いつものキイロショウジョウバエばかり（野生型といいます）。それでもモーガンたちは挫（くじ）けませんでした。何万匹、いや何十万匹と同じ模様を見つめ続けたのです。

その日、いつも飼育している牛乳瓶の中に、一匹の見慣れないキイロショウジョウバエがいました。その一匹は、白い眼をしていたのです。実験開始から三年が経過した一九一〇年のことでした。

白い眼を持ったキイロショウジョウバエ（以下、白眼系と称します）が突然変異体ならば、交配させると子孫に形質が遺伝するはずです。白眼系はオスだったので、他のメスと交配させました。すると、生まれた子供は全て赤い眼になりました。

次に、その子供同士で交配させます。すると、孫の代に、三対一の割合で、白眼系が生まれたのです。なるほど、白眼系の形質は、潜性遺伝なのかもしれません。そして「分離の法則」から計算できるように見えます。

白眼系は、「メンデルの法則」に従って遺伝する、突然変異体だったのでしょうか。しかし、奇妙なことがありました。生まれた孫の代の白眼系は全てオスだったのです。より正確に言うと、メスは全て赤い眼をしており、オスの半数が白眼系でした。これは、どう説明すれば良いのでしょうか。

結論から言うと、白眼系の遺伝子は、雌雄の性を決める遺伝子と一緒に、同じ染色体（性染色体）にパッケージングされていたのでした。このように、性染色体に伴う遺伝を「伴性遺伝」といいます（一八〇頁）。

いずれにせよ、まずは一つ、染色体説を裏付ける状況証拠が見つかったことになります。一度コツを摑(つか)むと、とたんに上手くいくようになるのが、世の常なのでしょうか。これ以降、モーガンの研究室では、次々と突然変異体が見つかるようになります。

そして、そうした複数の形質の間で、「独立の法則」が成立するものと、しないものが見つかりました。「独立の法則」が成立しない形質は、四つのグループに分

◆2組のアレルの連鎖

A(a)とB(b)が完全に独立

	AB	Ab	aB	ab
AB	AABB	AABb	AaBB	AaBb
Ab	AABb	AAbb	AaBb	Aabb
aB	AaBB	AaBb	aaBB	aaBb
ab	AaBb	Aabb	aaBb	aabb

AB：Ab：aB：ab
＝
9：3：3：1

AとB(aとb)が完全に連鎖

	AB	Ab	aB	ab
AB	AABB			AaBb
Ab				
aB				
ab	AaBb			aabb

AB：Ab：aB：ab
＝
3：0：0：1

けられました。ちなみに、一つの染色体上に複数の遺伝子がまとまっていることを「遺伝的連鎖」あるいは単に「連鎖」といいます。

前述のようにキイロショウジョウバエの染色体は四対です。やはり遺伝子は、染色体毎にパッケージになっていたようです。しかし、不思議なデータも集まりました。完全に独立しているようにも、逆に、連鎖しているようにも思われない形質があったのです。

さて、二組のアレル（AとaないしBとb）が完全に独立していたならば、それぞれのヘテロ遺伝子（AaBb／発現する形質はAとB）を持つ個体同士を交配させたとき、発現する形質の割合（AB対Ab対aB対ab）は、九対三対三対一になるはずです。

逆に、遺伝子ＡとＢ、ａとｂが完全に連鎖していたならば、形質AB対abが三対一になり、形質Abや aBは生まれないはずです。これは、どう説明すればいいのでしょうか。

そこで次に、ＡとＢについてそれぞれヘテロ遺伝子（ＡａＢｂ／発現する形質はＡとＢ）を持つ個体に、潜性ホモ遺伝子（ａａｂｂ／発現する形質はａとｂ）を交配しました。もし完全に独立していれば、AB対Ab対aB対abは一対一対一対一に、完全に連鎖していれば、一対ゼロ対ゼロ対一になるはずです。

しかし、実際は、どちらともつかない中途半端な数字になりました。ということは、連鎖しているはずの遺伝子ＡとＢは、ある確率で染色体を移っていることになります。これを「相同組換え」といいます。

ノーベル賞に輝く

それでは、どのようにして組換えが起こるのでしょうか。

一列に遺伝子の並んだネックレスやビーズのようなものが染色体だ、とイメージすると分かりやすいかもしれません。私たちを含め、ほとんどの生物は、父母由来

◆相同染色体のシャッフル（交差）

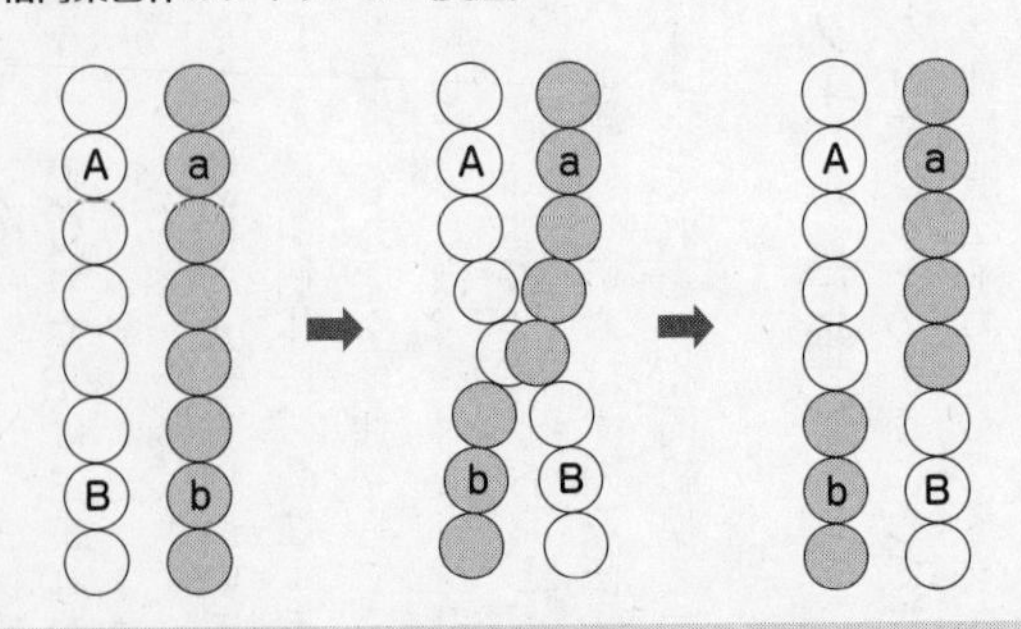

1つの丸が1つの遺伝子、1本の染色体は複数の遺伝子が一列に並んでいる。どこで交差するかはランダムなので、交差する確率は、AとBの距離に相関する。

の染色体を一本ずつ二本持っていて（相同染色体）、それを生殖細胞に片方ずつ分けます。この生殖細胞が作られるときに、ある確率で、相同染色体をシャッフルするのです。

といっても、トランプを混ぜるようにはいきません。二本の染色体がX字に捩(ねじ)れて繋ぎ変わるのです（上図）。これを交差（乗換え）といいます。どこが捩れて繋ぎ変わるのかは、ランダムです（より正確には、繋ぎ変わりやすい位置があります）。

ただし、ある二つの遺伝子が染色体上で離れていれば、相同組換えの確率（組換え価）が上がるだろうことは、直観的に分かりやすいと思います。つまり、ある二つの遺伝子について、組換え価の大きさが、染色体上の物理的な距離に相当すると考えられるのです。ということは、様々な遺伝子間の組換え価を求めると、それぞれの遺伝子の相対的な距離が分かることになります。

そこで、モーガンたちは唾腺染色体の観察結果と照らし合わせました。染色体は色素に染まりますが、全体が一様に染まるわけではなく、バーコード状の縞模様になります。

面白いことに、縞模様のパターンは、野生型では、どれも同じでしたが、突然変異体では、一部のパターンが異なりました。そして、各変異体が持つ縞模様のパターンの違い（どの染色体の、どこに違いがあるか）と、各変異体間の組換え価を比較すると、遺伝子の染色体上における配置が、ほぼ一致したのです。これを「染色体地図」といいます（まさに遺伝子の地図ですね）。

こうしたモーガンたちの研究により、遺伝子が染色体の上で一列に並んでいることが確定しました。この功績で、モーガンは一九三三年にノーベル生理学・医学賞を受賞しています。

DNAと染色体

『種の起源』が出版された頃……

モーガンが染色体の謎を解き明かしていた時代（一九一〇年代～一九二〇年代）、まだ染色体の構造までは分かっていませんでした。ただし、タンパク質とデオキシリボ核酸（DNA）からできていることまでは、化学的に分析できていました。

ところが、サットンやモーガンの登場まで、染色体が遺伝に関係するとは、誰も想定していませんでしたし、ましてDNAが重要な存在であるとは、全く考えられていませんでした。そうした時代から始まる染色体研究の歴史を辿ってみましょう。

ネーゲリが細胞核に染色体を見つけたのは、一八四二年でした。そのネーゲリから遅れること、およそ三十年、ヨハネス・ミーシェルが細胞核から初めて核酸を分離しました（一八六九年）。ダーウィンが『種の起源』を出版し（一八五九年）、メンデルが研究発表した（一八六五年）のと、ちょうど同じ時代です。

ミーシェルは、当初、白血球を生化学的に研究していました。生化学とは、生体物質を化学的に研究する学問ジャンルで、生物物理学や細胞生物学と共に、医学・生理学の基礎になります。もちろん後の世の遺伝学や分子生物学とも関連します。

ミーシェルは、父親と叔父がスイスのバーゼル大学医学部解剖学教室の教授ということもあり、彼もバーゼル大学の医学部に進学しますが、父や叔父のような臨床医ではなく、基礎研究の道を選びました。幼少期に罹ったチフス（高熱を伴う感染症）の後遺症で少し耳が遠く、聴診器が使いにくかったため、と伝えられています。

ミーシェルは、ドイツのゲッティンゲン大学で学位を取り、テュービンゲン大学で研究者としてのキャリアをスタートさせました。テュービンゲン大学といえば、天文学者のヨハネス・ケプラー（惑星の運動に関する「ケプラーの法則」で有名）や哲学者のゲオルク・ヘーゲルも学んだ、由緒ある大学です。

さて、ミーシェルの実験材料はヒトの白血球でしたから、病院から大量に出る、外傷患者の包帯に滲（にじ）んだ膿を用いることにしました。膿には、白血球が多く含まれています。当時は、すぐに傷口が化膿しました。まだ医療現場に消毒の大切さが普及していなかったのです。しかし、なかなか膿で汚れた包帯から白血球細胞だけをキレイに分離できませんでした。

そこでミーシェルは発想を変えました。細胞を生かして物理的に分離するのではなく、細胞を溶かして化学的に分離・抽出したのです。ミーシェルは、その抽出物にヌクレインと名付けます。これが、後に、核酸と改称される物質です。

実は、ミーシェルは、ヌクレインをタンパク質の一種と考えていました。リン酸を多く含んでいたため、リンの貯蔵に関係するタンパク質と考えたようです。その後、ミーシェルはバーゼル大学に戻って生理学の教授になり、様々な業績をあげますが、ヌクレインについては学会からの注目も無く、研究も進みませんでした。常に寒い実験室で仕事に根を詰めすぎたためか、彼は結核を患い、一八九五年に五十一歳の若さで亡くなってしまいます。

ミーシェルの抽出したヌクレインから、完全にタンパク質を除去し、厳密な意味での核酸を抽出できたのは、ミーシェルの弟子、リヒャルト・アルトマンでした(一八八九年)。核酸と改称したのもアルトマンです。

ちなみに、アルトマンは、当時の光学顕微鏡の解像度でギリギリ見える、顆粒(かりゅう)状の細胞小器官(ミトコンドリア)を見つけるなど、大きな業績があるにもかかわらず、あまり英語や日本語の資料がありません。ドイツでも有数の医学部を持つライプツィヒ大学で、臨時の解剖学教授まで務めたほどの人物ですが、過小評価されている理由は不明です。アルトマンも、一九〇〇年に四十八歳で早逝しました。

遺伝情報を理解するための最重要物質

同時期に、ヌクレインから、五種類の核酸塩基を分離・精製したのは、アルブレヒト・コッセルです（後述のウラシルは、協力者のアスコリが分離しました）。

核酸は、核酸塩基と糖鎖の一種、そしてリン酸から構成される高分子化合物です。コッセルたちの単離した五種類の核酸塩基とは、アデニン、グアニン、シトシン、チミン、ウラシルのことで、それぞれA、G、C、T、Uと略します。この核酸塩基こそ、遺伝情報を理解する鍵になる最重要物質です。

コッセルは、核酸やタンパク質の研究成果で、一九一〇年にノーベル生理学・医学賞を受賞しました。ちなみに、アルトマンがコッセルの兄弟子にあたりますので、コッセルのノーベル賞は、ミーシェルとアルトマンを含めた三人に与えられたということに等しいのではないでしょうか（あまりにミーシェルとアルトマンが無視されすぎて、可哀想な気がします）。

しかし、この時点では、どのようにして核酸が細胞内で働くかは、理解できていませんでした。たった五種類の核酸塩基では、それほど複雑なことはできないだろうと考えられていたのです。

当時、複雑な生命現象の原因は、タンパク質（特に、酵素）によるものと考えられていました。酵素が生体内の触媒（化学反応をコントロールする物質）であることは、すでに十九世紀の終わりには判明していたからです。

例えば、ドイツのエドゥアルト・ブフナーは、一八九六年に、酵母をすり潰して抽出した内容物（酵素）でショ糖がアルコールに発酵することを発見し、一九〇七年のノーベル化学賞を受賞しています。生物が物質を分解、あるいは生成するためには、「細胞が生きていること」ではなく、「細胞に入っているタンパク質・酵素が働くこと」が必要だったわけです。

つまり、生命活動は一種の化学反応であり、「生気説」のように「物理や化学で説明できない特殊な何か」を必要としないことが理解され始めた時代でした。

続いて、生化学的に核酸を分析したのは、コッセルの同僚として働いたこともあるフィーバス・レヴィーンでした。レヴィーンは、リン酸と核酸塩基以外に、二種類の糖（リボースとデオキシリボース）が核酸に含まれていることを見つけました。つまり、核酸には「リボース＋核酸塩基（ＡＵＧＣ）＋リン酸」からできたリボ核酸（ＲＮＡ）と、「デオキシリボース＋核酸塩基（ＡＴＧＣ）＋リン酸」からできたデオキシリボ核酸（ＤＮＡ）の二種類があったのです。

レヴィーンは、核酸の構造について、次のように考えました。

まず、糖（リボースあるいはデオキシリボース）とリン酸が交互に繋がります。その糖に、四種類の核酸塩基のどれかが、一つ繋がります。核酸塩基は四種類なので、四回繰り返した構造の糖に、一種類ずつの核酸塩基が付いているのです。これを「テトラヌクレオチド仮説」といいます（一九二一年）。しかし、結果的には、この仮説は間違いでした。なかなか、筋は良かったのですが、レヴィーンも、核酸が細胞内でどのような働きをしているかは理解できていなかったのです。

教科書に載らない天才たち

この間違った仮説のせいか、レヴィーンも、あまり日本で知られていません。生涯で優に七〇〇を超える論文を執筆し、生化学の発展に大きく貢献した科学者なのですが……。核酸の構造に関しては、間違った仮説を立ててしまいましたが、核酸をDNAとRNAに分類したのはレヴィーンですし、彼の研究があって、後にDNAの構造決定に繋がったことも間違いありません。こういう、先駆者ではあっても教科書的な記述からは抜け落ちてしまうような天才たちが、科学の世界には大勢いるのです。

レヴィーンの「テトラヌクレオチド仮説」を否定したのは、スウェーデンのトルビョルン・カスペルソンでした（一九三四年）。カスペルソンは、当時、カロリンスカ医科大学に通う二十二歳の医学生でした。カロリンスカ医科大学は、医学系の単科大学としては世界最大を誇る研究機関で、スウェーデンでは国内最大の研究教育機関です。ノーベル生理学・医学賞の選考委員会が設置されることでも有名です。

さて、カスペルソンは、博士論文の中で、核酸が生体高分子であることを示しました。生体高分子とは「天然に存在する高分子化合物」のことで、高分子化合物とは「基本単位となる分子構造が繰り返し結合した、大きな分子」のことです。前述のレヴィーンは、核酸を「四組の核酸塩基とリン酸と糖が組み合わさった分子」と考えたのですが、カスペルソンは、核酸が「核酸塩基＋リン酸＋糖」を単位として、何千何万も延々と連なった巨大分子だと実証したのです。

さらに、カスペルソンは、細胞の中の核酸の分布を調べることにも成功しました。それによると、DNAは核に集中し、RNAは細胞質にも分布していました。つまり両者は細胞内で異なる働きをしていることや、染色体が主にDNAからできていることが推測できます。

カスペルソンの研究によって、染色体がDNAの巨大分子であることが分かりました。しかし、繰り返しになりますが、当時は、多くの研究者がタンパク質を重視していて、DNAとRNAに注目した研究は多くありませんでした。分子構造も機能も未解明でしたし、たった五種類の核酸塩基では、複雑な生命現象を担うにはシンプルすぎると思われていたのです。その後、若くして成功したカスペルソンは、カロリンスカ医科大学に新設された細胞生物学研究部門の責任者になります。

さて、染色体がデオキシリボ核酸（DNA）からできていて、DNAが生体高分子であることまでは分かりました。しかし、その機能の解明については、別の研究を待たなければなりませんでした。

DNAの働きが知られるまで

スペイン風邪の大流行

ＤＮＡには、「生物の形質を伝える」という機能があります。それはどのように明らかになっていったのでしょうか。レヴィーンとカスペルソンの研究の間に、興味深い現象を見つけた研究者がいました。フレデリック・グリフィスです。第一次世界大戦中に軍医だったグリフィスは、戦後、イギリスの保健省（日本でいう厚生労働省）に勤めていました。その頃、問題だったのは、インフルエンザ、いわゆるスペイン風邪の大流行でした（一九一八〜一九年）。

スペイン風邪は、おそらく人類初のインフルエンザによるパンデミック（世界的な感染症の流行）であり、当時、五億人以上が感染し、一億人近い人が亡くなりました。およそ人類の三分の一が感染しただろうと推測されています。

インフルエンザの病原体はウイルスですが、亡くなった人の多くは合併症の肺炎が原因でした。当時はウイルスの分離技術も未熟だったため、スペイン風邪の原因については、よく分かっていなかったのです。しかし、肺炎の病原菌である肺炎レンサ球菌（昔は肺炎双球菌ともいいました）は分離に成功していました。

そこで、グリフィスは、肺炎レンサ球菌のワクチンの開発を目指したのです。多くの患者から肺炎レンサ球菌を集めて培養すると、大きく二つのタイプがあることが分かりました。一つはコロニー（培地に広がる菌のカタマリ）の表面がデコボコしており（rough／R型菌）、もう一方は滑らかだったのです（smooth／S型菌）。そして、R型菌は毒性が弱く、S型菌は猛毒でした。

この二つのタイプをマウス（ハツカネズミ）に与えたところ、次のような結果になりました。まず、R型菌を与えたマウスは生存し、S型菌を与えたマウスは肺炎で死亡しました。次に、熱で滅菌したS型菌を与えたマウスは生存しました。つまり、肺炎は、生きたS型菌そのものが問題であり、毒素のような物質が原因ではないということです。キチンと滅菌すれば、肺炎を防ぐことができることになります。

しかし、グリフィスは、おかしなことに気づきました。

たまたま、熱を加えたS型菌と生きたR型菌を同時に与えたマウスが、肺炎で死亡したのです。さらに、死亡したマウスからは、生きたS型菌が分離されました。個別に、熱を加えたS型菌や生きたR型菌を与えたマウスは生存するのに、二つ同時に与えると死亡するのです。しかも滅菌したはずのS型菌が復活していました。

グリフィスは、生きたS型菌の混入を疑い、注意深く何度も実験しました。しかし、滅菌したS型菌は完全に死滅しています。ということは、R型菌がS型菌に変異したのかもしれません。R型菌にはS型菌が持っている「毒性を発揮する形質」が欠けていて、R型菌は、死んだS型菌に含まれていた「何か」を通じて、その形質を取り込んだのでしょうか。実は、その「何か」こそが、DNAだったのです。

S型菌は熱で滅菌されても、細胞の中にあったDNAまでは壊れていなかったのです。そして、S型菌の形質を取り込んだ元R型菌は、S型菌として培養できました。――つまり、取り込まれた形質は遺伝するのです。グリフィスは、この「微生物が自分に無い形質を取り込んで変異する」現象に「形質転換」と名付けました(一九二八年)。

しかし、グリフィスの研究には、それほど注目は集まりませんでした。なぜなら

◆グリフィスの形質転換の実験

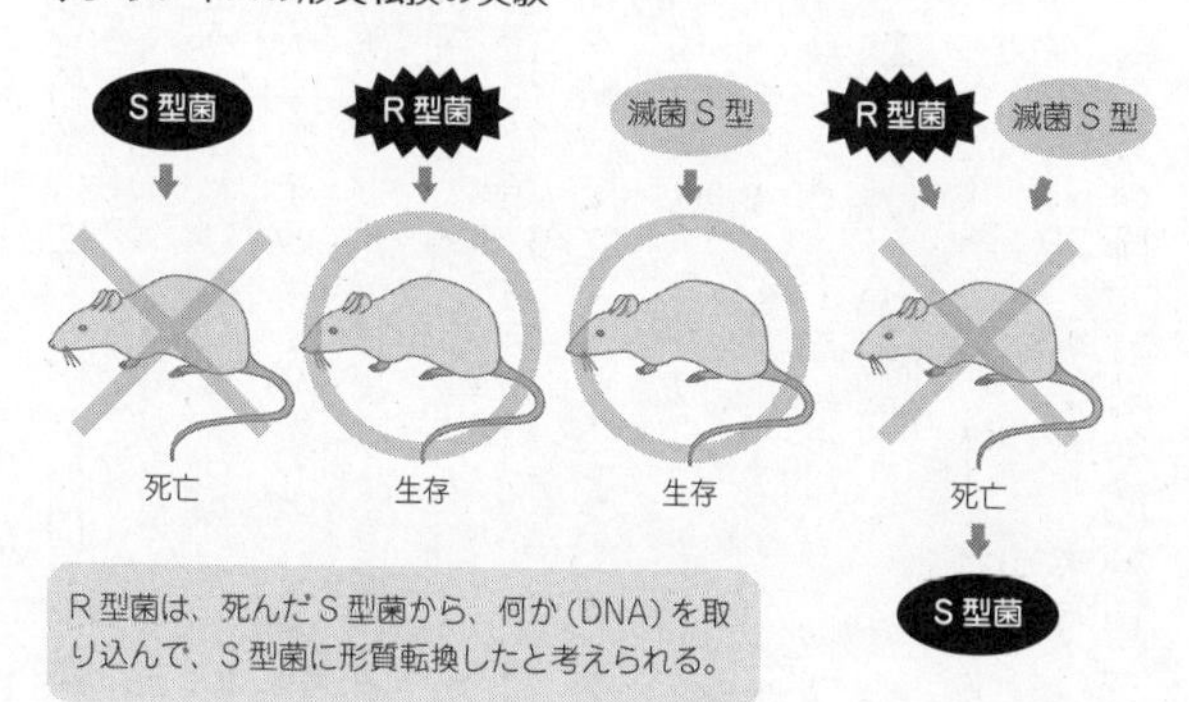

ば、微生物とはいえ、そんなに簡単に形質が変化するとは思われず、原因となるメカニズムが分からないことも問題でした。

グリフィスは、研究を続けますが、ついに形質転換の正体を知ることなく亡くなります。第二次世界大戦のドイツ軍による大空襲に、ロンドン市内で巻き込まれたと伝えられています（一九四一年）。

形質転換を起こす物質の正体がＤＮＡであることを証明したのは、オズワルド・エイブリーです。エイブリーは、前項のカスペルソンと対照的で、とても遅咲きの研究者でした。

子供の頃から科学に秀でた人が多い研究者の中では、エイブリーの経歴は異色です。十五歳で英国バプテスト派の牧師である父親と兄を結核で亡くし、父と同じ聖職者の道を歩もうとしたのか、バプテスト教会の流れを汲むコルゲート大学へ進学します。二十三歳で大学を卒業するも、そこから、どういうわけかコロンビア大学の医科大学院に進学しました（一九〇〇年）。

大学院を四年で卒業し、三年ほど臨床医として働いたエイブリーでしたが、当時の医学レベルでは思うように患者を救えません。そこでエイブリーは、基礎医学を研究するため、設立されたばかりの微生物学研究所に籍を移しました。当初は、乳酸菌の分類に力を入れていたのですが、生化学の知識や実験手技を教えてくれた上司を結核で亡くしたことをきっかけに、病原菌を生化学的に研究しようと心に決めます。そして、一九二三年にロックフェラー研究所に移った後は、研究者を引退するまで実験漬けの日々を送りました。

エイブリーの確信

一九二八年にグリフィスの論文が出たとき、エイブリーも肺炎レンサ球菌のワクチン開発に取り組んでいました。エイブリーは、その他大勢の研究者と同様に、グリフィスの研究結果が信じられませんでした。そんなに簡単に菌の性質が変わったのでは、自分たちの開発した細菌分類法が役に立たなくなると考えたのです。

しかし、丁寧に追試をしてみると、グリフィスの説に間違いはありませんでした。エイブリーは、慎重に実験を進めます。まず、マウスを使わなくてもグリフィスの説が実証できる方法を一九三一年に確立しました。加熱滅菌する代わりに、S型の肺炎レンサ球菌をすり潰して濾過（ろか）した液とR型菌を一緒に培養すると、S型特有の滑らかな表面のコロニーが得られたのです。この形質転換の実験系を使って、S型をすり潰した液から様々な要素を分離して、R型の形質転換を確かめます。

実験を繰り返すこと、およそ十年。エイブリーは、「形質転換を行う物質」がDNAであることを確信しました。エイブリーも当初はタンパク質に注目しました。しかしタンパク質を完全に除去しても形質転換は起こったのです。そして、形質転換が起こらないのは、ＤＮＡを除去したときだけでした。

つまり、それまで機能が分からなかったDNAこそが、形質を伝える働きを持っていたのです。成果を論文として発表したとき、エイブリーは六十七歳でした。すでに、前年には研究所から名誉退職の資格を得ていましたが、彼は、一九四八年まで研究所に残って実験を続けます。引退後は兄弟とともに暮らし、一九五五年に亡くなりました。生涯独身であり、聖職者のように研究に身を捧げた人生でした。

今から思えば、エイブリーたちの業績にノーベル賞を与えられなかったことが不思議です。しかし、一部の先見的な研究者を除いて、時代の趨勢がタンパク質からDNAに向かうには、もう少し時間が必要でした（執拗にエイブリーを攻撃していた、タンパク質至上主義の学者がいたのだそうです）。とはいえ、エイブリーの研究成果を受けて、DNAを研究しようと志す研究者は、少なからずいたようです。その中でも、重要な発見をした一人が、エルヴィン・シャルガフでした。

シャルガフは、オーストリア出身でしたが、ナチス支配を逃れて、フランス、アメリカへと亡命します。そして、コロンビア大学の生化学科で助教授を務めていたときに、エイブリーの論文に出会いました。

「シャルガフの経験則」とは

その精緻な実験に感銘を受けたシャルガフは、当時最新のテクニックを駆使して、様々な生物のDNAを分析しました。その分析結果から得られた二つの事実は、「シャルガフの経験則」と呼ばれています。

一つ目の事実は、ＤＮＡに含まれる四種類の核酸塩基のうち、アデニン（Ａ）とチミン（Ｔ）の数の割合、およびシトシン（Ｃ）とグアニン（Ｇ）の数の割合がそれぞれ、生物種に関係なく常に等しいことでした。一方で、Ａ（あるいはＴ）とＣ（あるいはＧ）の数の割合は、生物種によって異なりました。ということは、一般的な構造としてＤＮＡはＡとＴおよびＣとＧがペアになっていることと、生物によって異なるはずの遺伝情報はＤＮＡが司っているという二つの可能性を示しています。

この「シャルガフの経験則」は、後にＤＮＡの構造を決める大きなヒントになりましたが、残念ながらシャルガフ自身は、その重要性を完全には理解していませんでした。

エイブリーの実験やシャルガフの経験則は、生命の形質を伝える物質がＤＮＡであることを強く示しています。しかし、状況証拠に過ぎないと言われたら反論はできません。もっと直接的に証明する方法は無いものでしょうか。

この問いに答えるためには、一九六九年にノーベル生理学・医学賞を受賞した三人の研究を説明する必要があり、それは分子生物学という新しい学問の黎明期のお話でもあります。

DNAは生物の形質を伝える

量子力学と遺伝学

DNAが生物の形質を伝えていることが分かってきましたが、それは間接的な実験結果を積み重ねて得られた結論です。時代は、より直接的な証拠を求めていました。エイブリーが形質転換の実験を重ねていた頃、モーガンの研究室ではショウジョウバエを中心とした実験だけでなく、微生物を実験材料にした研究も始まっていました。その中心になった一人が、マックス・デルブリュックでした。

デルブリュックは、元々、宇宙物理学を学んでおり、一九三〇年に名門ゲッティンゲン大学で理論物理学（量子力学）の博士号を取得します。数年ほど、放射線物理学や原子核物理学の研究に携わった後、モーガンの研究室にやってきました。

量子力学から遺伝学に移ってくるとは、あまりに分野違いではないか？　と訝しむ読者もいるかもしれません。実は、当時、理論物理学者が生物学を研究する流行があったのです。

量子力学の創始者の一人であるエルヴィン・シュレーディンガーの有名な著書『生命とは何か』に代表されるように、二十世紀の初頭から半ばにかけて、生物を物理学の方法で（特に分子や原子レベルから）理解しようとするのは、時代の空気でした。

その象徴が、「分子生物学」の誕生です。生化学や生物物理学を母体に、博物学的なアプローチが主流だった生物学も、ようやく実験と理論を両輪とした研究手法が当たり前になったのです。特に、遺伝学は統計を用いるため、理論（数学モデル）と相性が良かったということもあります。

ちなみに、分子生物学という言葉を初めて使ったのは、当時ロックフェラー財団で自然科学部門の責任者を務めていた、数学者のウォーレン・ウィーバーでした（機械翻訳のアイデアでも有名です）。一九三七年に、ウィーバーの推進したロックフェラー財団のフェローシップ（返還不要の奨学金）を得たデルブリュックは、モーガンの研究室で、分子生物学という新しい手法で遺伝現象の研究を始めます。

彼の実験材料はバクテリオファージでした。バクテリオファージとは、微生物

◆バクテリオファージの構造図

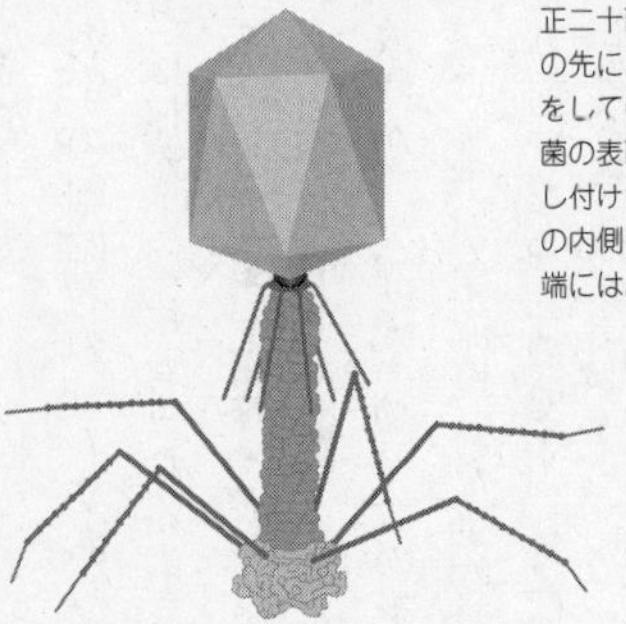

正二十面体の頭部の下に細い鞘が付き、鞘の先にスパイクと呼ばれる足の付いた構造をしている。ファージは、スパイクで大腸菌の表面に取り付き、大腸菌の細胞膜に押し付けた鞘を通じて、頭部の中身を大腸菌の内側に送り込んで、溶菌させる。鞘の先端には、細胞膜に穴を開ける酵素がある。

（バクテリア）を食べる者（ファージ）という意味で、要するに、単細胞生物に感染するウイルスです。ウイルスについては別項で詳述（一一四頁）しましたが、ここでは、簡単に、以下のように考えてください。

まず、ウイルスは自分だけでは何もできません。他の細胞（ウイルスによって決まっています）に取り付いて、その細胞の中で自分を大量に複製します。そして、取り付いた細胞を破壊して、外にバラ撒かれるのです（この過程を溶菌といいます）。

ウイルスは、とてもシンプルな構造をしていて、核酸と、それを囲むカプセル状のタンパク質だけからできています。増殖に必要なメカニズムは、取り付く細胞の中で勝手に利用します。当時は、細胞培養技術も未熟でしたから、バクテリオファージのように微生物に取り付くウイルスのほうが、扱いやすかったのです。

デルブリュックの快進撃

アメリカに渡った当初は、デルブリュックもショウジョウバエを使ったのですが、理論物理学出身の彼が想定していたほど、生物の解析は簡単ではありませんでした。デルブリュックは、もっとシンプルな実験系が欲しかったのです。いわば、量子力学における水素原子や電子のようなシンプルさが、彼の構想には必要でした。そうした中、大腸菌に取り付くバクテリオファージ（以下、ファージと略すことにします）に出会います。培養皿の一面に白く広がった大腸菌の上から、適度に希釈したファージの溶液を振り掛けると、培養皿の所々で小さな穴が現れたのです。

それは、ファージに感染した大腸菌が溶菌した場所です（プラークといいます）。プラークを数えれば、大腸菌に感染したファージの数を推定できるというわけです。大腸菌の培養は簡単で素早く、ファージによる溶菌も数時間で確認できるという早さでした。上手に計画すれば、一日に二度も三度も実験ができます。

この非常にシンプルかつスピーディな実験系を使って、デルブリュックは、次々と成果をあげました。物理学で学んだ経験を活かし（統計や分布はお手のものです）、ファージの性質を解析していったのです。

ところが第二次世界大戦が始まると、デルブリュックは帰国できなくなりました。頼みの綱の奨学金も終わってしまい、友人にお金を無心するほど生活は困窮を極めました。何とかヴァンダービルト大学の物理学講師になれたのは、彼の先見性を絶賛していたモーガンの後押しがあったようです。

そんなデルブリュックの研究に感銘を受けて、ついには共同研究者になり、共にノーベル賞を受賞するまでに至ったのが、サルバドール・ルリアです。彼は、イタリア出身のユダヤ人で、本名をサルヴァトーレ・ルリアといいました。この改名には理由があります。ルリアもまた戦争に翻弄された人物でした。

ルリアはトリノ大学医学部を卒業してから軍医を二年務め、ローマ大学で放射線医学の授業を担当していました。物理にも明るい、医者には珍しいタイプでした。そのおかげで、当時、ローマ大学の物理学教授だったエンリコ・フェルミ（放射線物理学・核物理学）という知己を得ます。フェルミは、後の「マンハッタン計画」

の中心人物ですが、まさか、この縁が自分の研究者生命を救うことになるとは、このときのルリアは思ってもみなかったでしょう。そして、この時期、彼は将来を開く鍵も手にします。デルブリュックの論文を読んだのです。ちょうどルリアも、生命現象の謎を解くには単純な実験系が必要だと考えていました。

ちなみに一九三八年にノーベル物理学賞を受賞したフェルミは、ストックホルムの授賞式に出席した足で、アメリカに亡命します。奥さんがユダヤ人なので、ムッソリーニ政権から迫害されていたのです。同じく、ルリアも人種差別で研究職を奪われたため、フェルミの渡米と時を同じくして、フランスに亡命します。

ところが、落ち着く間もなくナチスがフランスに侵攻してきたのです。ルリアは命からがらアメリカに辿り着きました（一九四〇年）。そして、アメリカに着くや否や、ファーストネームとミドルネームを英語読みに改名したのです。おそらく、もう祖国に戻らない決心をしたのでしょう。

世界的な名声のあるフェルミが尽力してくれたおかげでコロンビア大学の給費留学生になることができたルリアは、さっそくデルブリュックに連絡を取りました。その年の冬、フィラデルフィアで開かれたアメリカ物理学会で落ち合ったデルブリュックとルリアは、初対面とは思えないほど話を弾ませ、共同研究を始めます。

二人は、お互いに行き来もしましたが、翌年（一九四一年）から、夏にニューヨーク郊外のコールドスプリングハーバー研究所で一緒に実験することにしました。ファージに興味のある研究者をゲストに招く内に評判となり、いつしか二人のファージ実験研究会は、毎年恒例の「夏の学校」と呼ばれるようになりました。第二次世界大戦後は、この夏の学校を中心にして、ファージグループと呼ばれる研究者仲間が、世界中に広がりました。このグループが、最初期の分子生物学における大きな潮流となったのです。

デルブリュックが慧眼だったのは、ファージグループが実験に使う大腸菌やファージの種類を統一し、各々の実験データを持ち寄って比較できるようにしたことです。今では、実験生物の規格化は当然のことですが、当時においては先駆的な試みでした。その結果、世界中の実験結果を統合して、研究が進められるようになったのです。

続々と研究成果をあげたデルブリュックは、カリフォルニア工科大学に移り、ルリアも、全米で最も歴史ある州立大学のインディアナ大学に職を得ました。

ルリアの閃き

二人の共同研究で最も重要なものは、大腸菌の突然変異獲得の研究です。ファージに感染した大腸菌は溶菌しますが、中には耐性（抵抗性）を持つものが現れます。ファージに耐性を持つ菌へ変異する原因には、二つの説がありました。

一つは、大腸菌自身の持つ生理的な環境応答（この場合、ファージとの接触に応答するという意味です）、もう一つは、自然に現れる突然変異でした。しかし、大腸菌が変異したことは確認できても、それが突然変異なのか、ファージとの接触による変異なのかは区別できません。

良いアイデアの浮かばないルリアが、気晴らしに友人とパーティに出かけると、皆がスロットマシンで大騒ぎをしていました。「こんなのどうせ当たらないに決まっている」と、ルリアは醒（さ）めた目です。友人は「当たるかもしれないさ！」と意気込んでスロットマシンを回しますが、もちろんコインは減る一方です。「ほらね」と苦笑いするルリアでしたが、そのとき奇跡が起きました。何と、友人がジャックポット（大当たり）を引き当てたのです。奇跡は連続しました。大量のコインを手にして得意げな友人の姿を見たとき、ルリアの頭の中でもジャックポットが引き当たったのです。「そうか、分かった！」と、会場中に響き渡るような大声でルリアは叫びました。ついに、大腸菌の変異を見分ける方法を思いついたのです。

ルリアの閃き(ひらめ)を簡単に説明すると、こういうことになります。もし、ファージに接触することで、大腸菌が耐性菌に変異するなら、ファージと大腸菌を混ぜる濃度や培養条件を一定にすれば、いつも同じ割合で耐性菌が出現するはずです。しかし突然変異で耐性菌に変異するなら、同じ条件で培養しても耐性菌はランダムに出現するでしょう。そう、スロットマシンで、ジャックポットを引き当てるように！

実験データは、耐性菌の出現がランダムであることを示していました。そして、ルリアのデータから数学モデルを立てて、デルブリュックは、世界で初めて、突然変異率を計算したのです（一九四三年）。まさに、物理学の方法論で生命の謎を解析するという、二人の発想の勝利でした。その後、二人に続いて、多くの研究者が薬剤耐性やX線を使って、大腸菌の突然変異を研究し始めます。こうして大腸菌とファージは、遺伝学・分子生物学のモデル生物として確立したのです。

ルリアの功績として、もう二つ、大きなものを紹介しておきましょう。一つは、制限酵素の存在を予言したこと、もう一つは、大腸菌に取り付いたファージの電子顕微鏡写真を撮影したことです。制限酵素とは、ＤＮＡを切断する酵素のことで、遺伝子組換え技術に無くてはならない分子生物学の必須ツールの一つです（一五四頁）。電子顕微鏡は、一九三九年にドイツで開発されました。ちょうどルリアが渡米した時期に、商用機が販売され、一九四一年にはアメリカにも輸入されていたのです。

その年の十二月に、ルリアの依頼で実際に大腸菌とファージを撮影したのは、トーマス・アンダーソンでした。この電子顕微鏡写真は、ＤＮＡこそが遺伝子だという決定的な証拠を摑むための重要な手がかりになりました。

ハーシーの苦難

その証拠を摑んだのは、本項の三人目の主人公、アルフレッド・ハーシーです。

彼は、デルブリュックとルリアが手を組んだ最初期（一九四〇年）から、一緒に大腸菌とファージを使って研究を開始していました。幾つもの業績をあげましたが、中でもハーシーの名を上げた研究は、ＤＮＡが生命の形質を伝える遺伝子の本体であることを直接的に示した、いわゆる「ハーシーとチェイスの実験」です。

一九五〇年からコールドスプリングハーバー研究所（例の「夏の学校」が開かれている場所です）に赴任していたハーシーは、ファージの電子顕微鏡写真が気になっていました。ルリアの依頼で大腸菌を撮影したアンダーソンは、ハーシーの友人でもあったのです。何枚もの写真を詳細に見てみると、ファージは、頭部と細く直線的な尾のような部分（鞘）で構成されていました（実際の構造は二三二頁）。どうやら尾の先端が、大腸菌の表面に接着しているように見えます。

もしかすると、ファージは、鞘を通じて、頭部の中身だけを大腸菌の内側に送り込んで、溶菌させるのではないか？　とハーシーは想像しました（実際に、後年、鞘の先端に、細胞膜に穴を開ける酵素が見つかりました）。とすれば、ファージを複製するために必要なものは、ファージの頭部の中に格納された「何か」だけです。

ファージを化学的に分析すると、核酸（この場合はＤＮＡ）とタンパク質からできていました。ファージから大腸菌の中に送り込まれて、ファージ自身を複製するために必要な「何か」は、ＤＮＡとタンパク質のどちらでしょうか。あるいは両方かもしれませんが、それを確認するためには、ファージのＤＮＡとタンパク質に目印を付けて（ラベルを付けて）見分ける必要があります。

そこでハーシーは、当時の最新技術である、放射性同位元素をトレーサー（追跡子）に使いました。放射性同位元素とは、簡単に言うと、普通の元素より中性子の数が多い元素のことです。中性子が多い元素の一部は、原子核が不安定なので、崩壊してエネルギー（放射線や熱）を出します。いわゆる原子力発電の仕組みですね。基本的に、同位元素は生物の中では同じように振る舞います。したがって、少しの放射性同位元素を生体分子に含まれる原子と置き換えると、微量の放射線を感度良く検出することで、生体分子の生体内における居場所が分かるのです。

ハーシーは、ＤＮＡに含まれてタンパク質に含まれない元素であるリン（Ｐ）と、逆にタンパク質に含まれてＤＮＡに含まれない硫黄（Ｓ）でラベルすることを思いつきました。実際は、リン酸の結合したタンパク質もありますから（牛乳のカゼインや卵黄のタンパク質が有名です）、この実験の場合、ファージのタンパク質にリンが含まれていない、というのが、より正確です。

ハーシーは、当時指導していた大学院生のマーサ・カウルズ・チェイスを助手に、実験を開始しました（これが「ハーシーとチェイスの実験」と呼ばれる所以です）。リンの同位元素^{32}Pと硫黄の同位元素^{35}Sは、培養液に入れるだけで、意外と簡単にファージに取り込まれました。

しかし、ここからが苦難の道のりでした。感染させた後、大腸菌の表面から、ラベルしたファージを上手く剝がす方法が分からなかったのです。ファージが表面に付いたままでは、トレーサーが大腸菌に入ったのか、ファージに残っているのか区別できません。微生物である大腸菌の表面という、あまりに小さな世界ですから、もちろん手で剝がすなんてことはできません。とはいえ、培養液中の出来事ですから、勢い良く掻(か)き混ぜれば、何とか剝がれるだろうと考えました。

家庭用のミキサーは?

世界初の実験ですから、専用器具なんてありません。ハーシーとチェイスは様々な方法を試します。攪拌(かくはん)が激しすぎると大腸菌まで砕けてしまいます。かといって容器を手で振ったぐらいでは剝がれません。まさに手探り、試行錯誤の連続でした。こういうときの創意工夫が研究の辛いところでもあり、面白いところでもあります。

壁を破ったのは、同僚の女性が何気なく発した「家庭用のミキサーは?」という一言でした。目に付く実験器具を片端から試していた二人は、藁にも縋る思いだったでしょう。ところが、これが驚くほど上手く大腸菌とファージを分離したのです。

このとき使ったウェアリング社の家庭用ミキサーは、コールドスプリングハーバー研究所の宝物として、今も保管されているのだとか。実は、この実験を「ブレンダー実験」とも呼ぶのは、日本でいうミキサーの英語がブレンダーだったからです。

さて、分離に成功した大腸菌とファージをそれぞれ分析すると、ファージのDNAだけが大腸菌の中に入り、タンパク質は入っていませんでした。つまり、ファージの複製に使われる情報は、DNAだけだったのです。この実験は、生物の形質がDNAで決められていること、つまり遺伝子がDNAでできていることを直接的に証明したことになります。より詳しく言えば、タンパク質などからできている生物の形は、DNAの情報から作られているのです。

デルブリュックに始まり、ルリアの参加で大発展した分子生物学は、ハーシーが「遺伝子はDNAでできている」と見つけたところまできました。この三人の功績にノーベル生理学・医学賞が与えられたのは当然と言えるでしょう（一九六九年）。時代の天秤は、DNAに傾き始めたのです。

二重らせんの発見

ワトソンとクリック

生物学の歴史で重要な発見を挙げるとすれば、間違いなく、ＤＮＡの二重らせん構造は外せないでしょう。発見や発明にはドラマが付きものですが、ＤＮＡの二重らせん構造についても例外ではありません。

ドロドロした人間模様もあったことから、ノーベル賞を受賞した当事者や関係者が多くの本を出版していますが、本項では、ＤＮＡの二重らせん構造が決まるまでのドラマの一部と、二重らせん構造の生物学的な意味について、お話ししましょう。

分子生物学は、生化学や生物物理学を背景にして誕生し、物理学者たちを中心にして育てられました。そして、二十世紀も半ばに差し掛かる頃になると、分子生物学者たちは、遺伝現象を説明する重要な物質として、ＤＮＡに注目しはじめました。二三一頁で紹介したシュレーディンガー著『生命とは何か』の出版（一九四四年）も、物理や化学の法則で生物を理解しようという考えを後押ししました。

この本の中で絶賛されたデルブリュックのファージグループを知り、インディアナ大学のルリア研究室にやってきたのが、ジェームズ・ワトソンです。そう、ＤＮＡの分子構造を決定した二人の内の一人です。ワトソンは、ルリアの指導した第一期の学生でした。二十二歳の若さで一九五〇年に博士号を取った後、ヨーロッパを経て、イギリスに渡り、ケンブリッジ大学のキャベンディッシュ研究所にやってきました。

ここで運命の出会いがありました。ＤＮＡの分子構造を決めたもう一人、フランシス・クリックがいたのです。ワトソンは生物系で、特にファージ遺伝学を中心に勉強し、クリックは理論物理学の出身で、戦後に生物学に転向していました。

そして、二人は『生命とは何か』に感化された同士だったのです。野心に溢れた二人でしたが、まだ当時は何者でもありません。それが、たった数年後には世界を揺るがすことになるとは、自分たちにも予測はできなかったでしょう。ワトソンはアメリカにいた頃から、ＤＮＡしか頭になかったそうですが、クリックを含むキャベンディッシュ研究所は、そうでもなかったようです（大事だろうな、という認識はあったそうですが）。その最大の理由は、このドラマの三人目の主人公モーリス・ウィルキンスにありました。ちなみにウィルキンスも、ワトソンとクリックの二人と一緒にノーベル生理学・医学賞を受賞しています。

ウィルキンスの無愛想

実は、イギリス国内で、DNA構造解析の権威は、ロンドン大学のキングスカレッジにいるウィルキンスでした。他の者が、おいそれと同じ研究に参入できる空気ではなかったのだそうです。

キャベンディッシュ研究所で、ワトソンの周囲は、タンパク質の構造解析が中心課題でした。生命現象の理解には、タンパク質の研究が欠かせません。むしろ当時は、DNAはタンパク質の補佐役という考えの研究者が、まだ多かったのです。いずれにせよ、生体分子の構造は、その機能に大きく関係しています。これが研究者の共通認識でした。そして、分子構造を決めるために必須のテクニックが、X線回折を使った分子の構造解析でした。ここでは、X線回折実験についての概略だけを説明します。

X線（ガンマ線ともいいます）でレントゲン写真を撮ると、身体が透けて、骨格や内臓の一部が見えることは、読者の皆さんもご存じだと思います。

理由は、X線の波長が可視光（赤から紫まで、いわゆる虹の七色）より短いことにあります。分子の隙間を通り抜けてしまうほど波長が短いので、透けて見えるわけです。ちなみに、可視光は分子にぶつかって、吸収されたり、散乱したり、反射したりします（これが目に見える「色」です）。レントゲン写真は身体が透けますが、内部の形は写ります。

なぜならば、X線も、重たい原子（電子密度が高い原子）には弾（はじ）き飛ばされるからです。まっすぐX線が通過すれば透明と同じですが、骨のように金属（カルシウム）が多く含まれる臓器だと、弾かれてX線の軌道が逸（そ）れ、影になります。

つまり、レントゲン写真は、X線を使った影絵なのです（病院では、白黒を反転させています）。実際は、組織に含まれる原子の違いで、X線の弾かれ方、つまり透け具合が変わります。

この原理を応用して、物質の構造を探る技術が、X線回折です。レントゲン写真は、大雑把に大きな物体を撮影したものですが、原理としては、原子の電子密度によって、X線の軌道が曲げられることを利用しています。

ということは、分子のように小さな領域を考えたとき、どのようにX線が散乱するのかを撮影すれば、分子を作っている原子の配置が予測できるのです。より正確には、原子と原子の隙間をX線が通過したとき、回折したX線の干渉模様（斑点）が撮影できます。もし結晶構造が規則正しいなら、斑点のパターンも規則的になります。

つまり、斑点の規則的なパターンから逆算すれば、原子の立体的な配置（分子構造）が再現できるのです。二十世紀以降、この技術が盛んに利用されました。そして、第二次世界大戦と前後して、研究対象が、無機物から有機物、生体分子（特にタンパク質）へと移ってきたのです。

ここで話を一九五〇年のイギリスに戻します。ロンドン大学のウィルキンスは、このX線回折でDNAの構造を解明しようとしていました。しかし、実験は難航していました（X線回折実験は難しいのです）。ワトソンは、キャベンディッシュ研究所ではなく、ウィルキンスのところに行けば良かったのですが、少し前にイタリアのローマで開かれた学会で出会ったウィルキンスの印象が悪く、諦めたのです。

実は、ウィルキンスも物理学出身です。戦争中はマンハッタン計画に参加して核爆弾を研究し、戦後に生物学へ移ってきました。そしてウィルキンスもまた『生命とは何か』に心を動かされた一人でした。光学に詳しかったウィルキンスは、生きた動植物の細胞の中でＤＮＡを観察するプロジェクトを受け持ち、その一環として、ＤＮＡの構造をＸ線回折で決定することにも取り組んでいました。

つまり、ウィルキンスは生物物理学的な観点からＤＮＡに興味があり、ワトソンのように、ファージ研究に代表されるような遺伝学的な話は詳しくなかったのです。つまり、ワトソンを無視したわけではないのです。自分の興味と違う話をまくし立てる駆け出しの研究者に愛想が無くても仕方なかったでしょう。

気落ちしたワトソンは、ロンドン大学以外で、生体分子のＸ線回折を学べそうなところとして、ケンブリッジ大学を選んだのでした。しかし、そこでクリックと出会ったわけですから、運命は分からないものです。

誤解された女性研究者

ノーベル生理学・医学賞（ＤＮＡの二重らせん構造の発見）を受賞した三人が出揃

ったところで、四人目の主人公を紹介します。本項の紅一点であり、キーパーソンでもある、ロザリンド・フランクリンです。

三十七歳の若さで亡くなったフランクリンには、誤解と偏見が付きまといました。特に彼女の死後、ワトソンの著書『二重らせん』により偏見は増幅されました。二十一世紀になって精緻な伝記が書かれたことで、彼女の誤ったイメージは払(ふっ)拭(しょく)されたようにも思いますが、まずは話を進めることにします。

イギリス生まれのユダヤ人であるフランクリンは、一九五〇年、フランス留学からウィルキンスのいるロンドン大学にやってきました。ウィルキンスの上司であるジョン・ランドールに招聘(しょうへい)された仕事でしたが、実は、事の最初からトラブルの種がありました。

ランドールも戦後に物理学から生物学へ転向してきた研究者です。研究プロジェクトの立ち上げに才能があり、国から予算を取ってくるのが上手でしたが、研究室運営では、あまりフェアな人とは言えず、ある意味で政治的なところがありました。嘘は吐(つ)かないのですが、情報を一手に握ることで、思い通りに部下を動かそうとするのです。

潔癖なウィルキンスは、研究上でこそランドールの右腕でしたが、好きな上司ではありませんでした。さらに、ランドールは、組織運営の手は抜きませんでしたが、できれば自分も実験したいタイプでした（忙しくて、時間的に無理なのですが）。

そういう背景もあり、ランドールは、思い通りにならないウィルキンスに代えて、自分の興味ある研究に直接携わるために、フランクリンを雇ったのです。その研究とは、Ｘ線回折によるＤＮＡ分子の構造解析でした。もちろん、ウィルキンスの担当していた研究の一つです。

ランドールは、ウィルキンスには「ＤＮＡ分子の構造決定のためにＸ線回折の専門家を雇った」と伝え、フランクリンには「君にＤＮＡ分子の構造決定に専属で取り組んでもらう。以前から担当しているウィルキンスは別の仕事もあるので問題ない」と伝えました。

ダークレディの本当の顔

フランクリンがロンドン大学に赴任した直後の研究会議に、ウィルキンスは休暇で参加しませんでした。ランドールの誤算は、フランクリンがランドールの指示に従うタイプではなく、人一倍のプライドと、それに見合う優れた能力を持つ研究者だったことです。フランス留学中に炭素分子の構造解析で名を上げたフランクリンは、X線回折による結晶構造解析の専門家でした。つまり、ランドールの思惑は大ハズレで、後に禍根を残しただけでした。

案の定、ウィルキンスが休暇から戻れば、フランクリンと大喧嘩です。ウィルキンスにしてみれば、自分の部下ができたと思っていたのですが、彼女にしてみれば、自分は独立したプロジェクトのリーダーです。

フランクリンの不幸は、時代のせいでもありました。まだ女性の自立は偏見の目で見られ、ましてや女性研究者はごく少数でした。そんな中で、研究者として自立しようと肩肘を張っていたフランクリンが、自分の任された研究テーマに干渉してきたり、侮るように接したりする男性研究者たちに、必要以上に感情的な対応をしても無理はありません。大喧嘩といっても、高圧的な態度のフランクリンに、わけも分からず自分の研究を取り上げられて戸惑うばかりのウィルキンスという格好でした。

フランクリンからすれば、ただ必死に自分の研究を守っていただけなのでしょうが、ワトソンの著書『二重らせん』では、偏った男性目線で、この辺りを面白おかしく書いているため、「フランクリンは閉鎖的で視野が狭く、データを溜め込んで、二重らせんを見逃した、ダークレディ（根暗な女性）」という失礼極まりない印象を世間に広めたのです。

結局、ランドールも適切なフォローをしなかったため、フランクリンは、二年ほどで研究室を去ることになります。しかし、その間に取った珠玉のデータが、ＤＮＡの二重らせん構造を明らかにしたのです。特に、後に五一番と呼ばれたＤＮＡのＸ線写真が決定的でした。

後年に公開されたフランクリンの実験ノートを見たクリックに言わせると、当時の彼女は、正解まであと二歩のところに迫っていたのだそうです。そして、フランクリンならば、その二歩は三カ月以内に終わっただろう、とも。

実は、フランクリンは、ＤＮＡ分子の結晶が水分含有量の違いでＡ型（乾燥）とＢ型（湿潤）という二種類の構造的な違いがあることを発見していました。Ｂ型ＤＮＡが、二重らせん構造をしていることはフランクリンも認めていました。

それは、後に五一番と呼ばれる、彼女の撮ったＸ線写真からも明らかでした。一方でA型DNAは、水分子が少ない分だけ原子が密に詰まっているため、X線の散乱が複雑になり、解析を困難にしていました。二重とは限らず、三重から四重らせん、あるいは、らせん構造ですらない可能性もあったのです（フランクリンは、らせんが解ける可能性を疑っていました）。

もちろん細胞内は水びたしなので、生物学的に意味があるのはB型だけなのですが、当時は何も分かっていません。加熱による炭素分子の結晶学的な違い（イメージとしては、鉛筆の芯とダイヤモンドのような違いです）をX線回折で見つけたフランクリンが、DNA分子の結晶の違いにこだわったのも当然でしょう。彼女は、純粋な生物学者ではなく、結晶構造解析の専門家なのですから。

おそらくフランクリンが研究室を出ることに決めたのは、孤立したからだけではありません。どうやら、彼女の研究ノートが盗み見られていたようなのです。フランクリンが思い通りにならないと分かった時点で、ランドールはフォローしませんでしたし、ウィルキンスも（一部とはいえ）仕事を取り上げられた格好で、フランクリンには近づきません。研究設備を自由に使えても、自分の研究データを盗み見る者までいては、最悪の環境です。それが思い過ごしだとしても、精神衛生上良くはないでしょう。Ａ型ＤＮＡの構造決定をやり残すことは不本意でしたが、フランクリンは、Ｂ型ＤＮＡに関してのデータを全てランドールに報告して、出て行くことにしました。

五一番のＸ線写真

問題は、ここからです。

肝心のワトソンとクリックは、このとき針金とボールを組み合わせて分子模型作りに励んでいました。二人は、それまでに分かっている様々な仮説と直観に基づいて、ＤＮＡ分子の中で原子が取り得る配置を物理化学的に推定しようとしていたのです。

基づく仮説が間違っていれば、当然、出てくる結果も間違えます。実際、二人が披露した初期の模型は、初歩的なミスで他の研究者から笑われました。しかしフランクリンのやり方では、実験データが揃うまで結論を下せません。

「どちらが良い」というよりは方法論の違いですし、一般的には、一人の研究の中にも二通りの進め方が混じるものです。しかし、ワトソンとクリックの二人の場合、使ったヒントに他人の非公開データが含まれていたことが倫理的に問題でした。

DNAの二重らせん構造を分子模型で作るためのヒントは、シャルガフの経験則（核酸塩基のAとT、GとCが常に同じ数の割合）と、カスペルソンの発見（DNAは「核酸塩基＋リン酸＋デオキシリボース〈糖〉」を単位とした高分子化合物）だけでは足りません。フランクリンの撮影した五一番と呼ばれたB型DNAのX線写真と、それを分析した数値データが必須です。

五一番のX線写真は、ウィルキンスがワトソンに見せていました。写真を渡しはしませんでしたが、そのあまりに美しいパターンは、分かる人が見れば二重らせん構造以外の何物でもありません。ウィルキンスが五一番のX線写真を持っていたのは、フランクリンも納得済みのことでした。

研究所を去ることが決まっていた彼女から引き継いだ資料の一つであり、彼女が指導していた大学院生を通じて受け取っていたのです。しかし、自分が取ったデータでもないのに、友人とはいえライバルに易々（やすやす）と見せたのは軽はずみに過ぎました（ウィルキンスも後に反省しています）。

ただ、さすがに二重らせんというだけでは、分子模型を決められません。フランクリンの数値データは、ランドール研究室の年次中間報告書に記載されていました。

もちろん、中間報告書は極秘扱いではないのですが、通常は、論文や学会での未発表データを含むため、機関の中で内密にするべきです。しかし、クリックの上司は、その機関の予算を割り振る権限を持っていたので、ランドール研究室の年次中間報告書を閲覧していたのです。

そして、フランクリンのデータは、上司を通じてクリックの手に渡りました。ワトソンの見た五一番のＸ線写真と、クリックの手にした数値データという、フランクリンの実験結果を基に、二人は模型を組み立てたのです。

しかし、二人の名誉のために付け加えると、オリジナルなアイデアも重要でした。二人が、ヒントから導いた答えは、次の三つでした。

まず、ＤＮＡは、梯子（はしご）を捻（ひね）ったような二重らせん構造であること（五一番のＸ線写真）。次に、らせん構造を作る鎖はデオキシリボースとリン酸が交互に長く繋がっていて（カスペルソンの発見）、分子の形で3'末端と5'末端の違いからなる方向性があり、二本の鎖の方向は互い違いになっていること（フランクリンの数値データから気づいた独創。つまり二つの矢印なら→←のようになっています）。

そして、核酸塩基は、らせん構造の内側に向かって突き出していて、AとTおよびGとCが相補的かつ可逆的に結合して、二本の鎖を梯子のように繋ぐこと（シャルガフの経験則から得た二人の独創で、塩基対といいます）です。

その他に、らせん構造のピッチや分子間の距離などは、フランクリンの数値データが参照されたと思われます。ただし、クリックは、X線回折のパターンから、らせん構造が逆算できる数式を考案して論文を出していたので、自分たちのモデルの正しさを検証することはできていたはずです。

この分子模型の最も優秀なところは、DNAの複製が説明できることでした。つまり、ファスナーを開くように、AとTおよびGとCの間で、二本の鎖を一本ずつに分けるのです。AとTおよびGとCが、必ず（かつ可逆的に）結合するのであれば、一本ずつに分けた二本の鎖から、二つの二重らせん構造を復元できることになります。

実際に、その仮説は大当たりでした。要するに、生物の形質を伝える遺伝子の本体ＤＮＡは、上手い仕組みで複製可能な分子なのです。言い換えれば、ＤＮＡこそが、遺伝現象を説明できる物質であり、生命が物質からできていることを理解するための分子でした。このＤＮＡの生物学的な意味を解明したことで、彼らは一九六二年のノーベル生理学・医学賞を受賞したのです。

ワトソンとクリックは大急ぎで論文にまとめ、現在でも権威ある科学雑誌「ネイチャー」に短報として投稿することにしました。さすがに気が咎めたのか、投稿前にウィルキンスに報告し、論文を連名にしないか、と提案しました。

ランドールの怒り

しかし、ウィルキンスは断ります。その代わり、自分たちもＤＮＡの構造について別の形で論文を書くから、「ネイチャー」に同時掲載できる時間をくれるように要請しました。このタイミングで、フランクリンと彼女の学生が論文を書き上げた、という連絡がウィルキンスに届きました。そう、あのＢ型ＤＮＡのＸ線写真・五一番を掲載した短報です。

怒り狂ったのはランドールです。二人の若造が、紳士協定を破ってＤＮＡ研究の

◆ＤＮＡの二重らせんの構造図

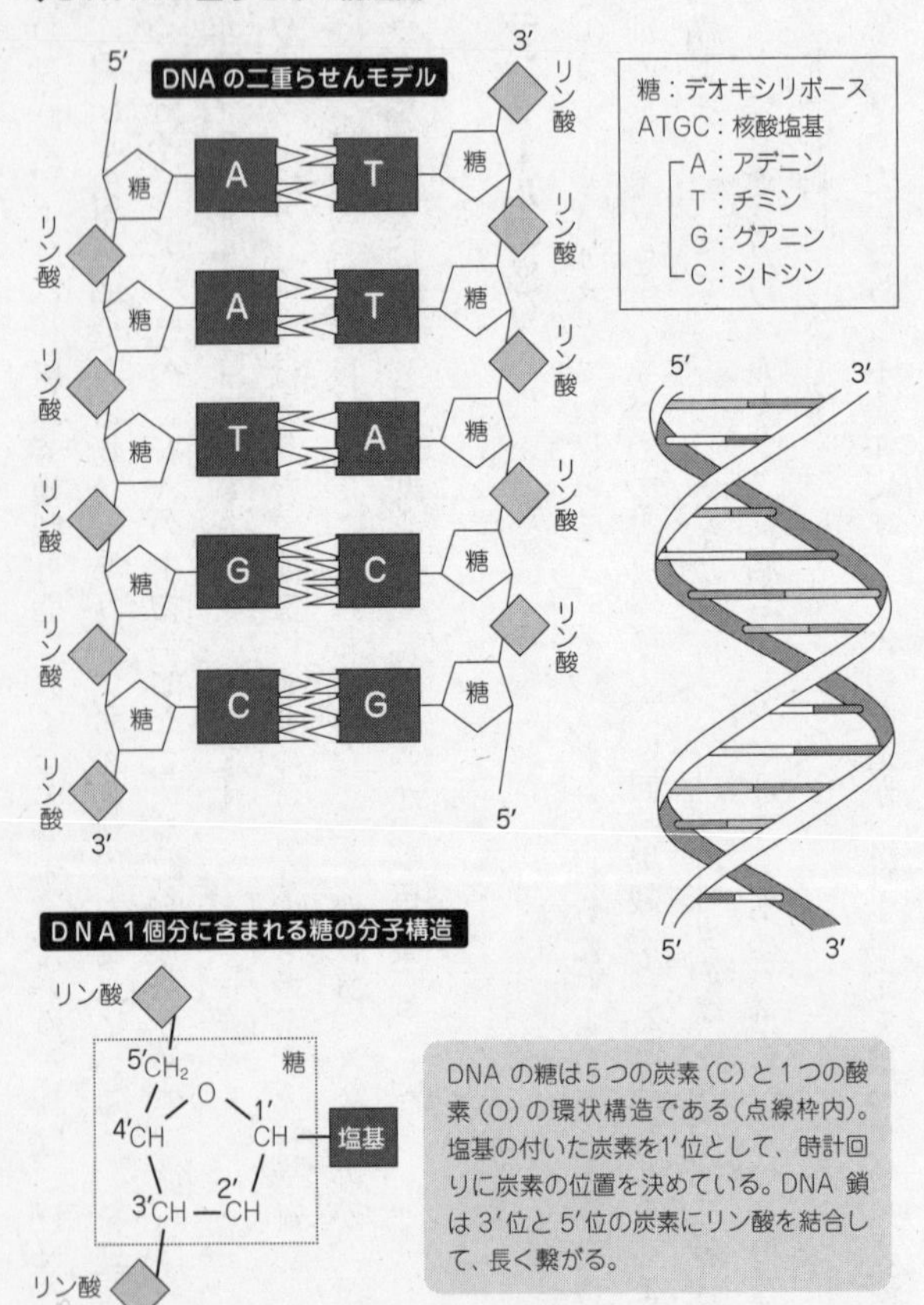

DNA の糖は5つの炭素（C）と1つの酸素（O）の環状構造である（点線枠内）。塩基の付いた炭素を1′位として、時計回りに炭素の位置を決めている。DNA 鎖は3′位と5′位の炭素にリン酸を結合して、長く繋がる。

名誉を掠め取ったわけですから。せめて自分たちの研究室からもＤＮＡ研究を報告しないことには、イギリスで一番大きな生物物理学研究所の創設者として、格好がつきません。ランドールは「ネイチャー」の編集部にいる知り合いに顚末を話し、ウィルキンスとフランクリンの論文二つと、ワトソンとクリックの論文は、三報を連続して掲載することになりました。今でも、同じテーマに属する研究が同時に投稿されたときに、似たような構成の誌面になることはありますから、こうした掲載自体は特別なことではありません。

掲載順序はワトソンとクリックが最初で、まずＤＮＡ二重らせん構造の理論的なモデルを提案しました。続く論文で、ウィルキンスが生物一般にＤＮＡ二重らせん構造が共通している可能性を示し（フランクリンとは別のＸ線回折写真を掲載）、三番目の論文として、フランクリンがＢ型ＤＮＡの二重らせん構造を示しました（例の五一番写真を掲載）。

同時掲載にあたって、三者間で記述に調整があったようです。発見に対する貢献の大きさからは、フランクリンが一番のはずですが、ワトソンとクリックの論文の末尾には、回りくどい表現で、ウィルキンスとフランクリンの非公開データを参考にしたと記してあり、謝辞はありませんでした（後年、フランクリンの非公開データが無ければモデルを立てられなかったことは認めたようです）。

一方、三番目に掲載されたフランクリンの論文には、自分たちの実験データは手前に掲載されたワトソンとクリックのアイデアと矛盾しない、と付け加えられました。フランクリンのデータを基にしたモデルなのですから、当たり前ですが、まるで、ワトソンとクリックのアイデアが、彼女のデータに先行するかのような印象を与えています。フランクリンは、自分の実験データが許可無く使われたことに気づいていたと、周囲の人は考えていました（クリックですら、そう思っていました）。

しかし、フランクリンと一緒に論文を書いていた学生ですら、この件で彼女の愚痴は聞いたことがなかったようです。ランドールも、おおよその経緯は察していたようですが、フランクリンを庇う様子は全くありませんでした。それどころか、論文掲載の一週間前には「研究室を出て行くからには、今後は核酸研究を止め、こちらの学生の論文指導もしないように」という手紙をフランクリンに書きました。

しかし、新しい環境（同じロンドン大学のバークベック・カレッジ）に行くことで、精神的に楽になったのでしょう。フランクリンは、ランドールの手紙など、せせら笑ってＲＮＡウイルスの研究で先駆的な成果を出し続けましたし、一緒に実験していた大学院生の論文指導も行い、さらに共著論文を二本も出しました。

フランクリンとノーベル賞

本来のフランクリンは、ダーク（根暗）どころか、明るく活動的で、研究と同じくらいスポーツと旅行が大好きでした。料理も得意で、もてなし上手、お洒落（しゃれ）を楽しむ女性でもありました。

しかし、病魔がフランクリンを襲います。卵巣腫瘍でした。余談ですが、彼女が早逝した原因を実験によるＸ線の被曝と考える向きもあるようです。しかし、卵巣腫瘍の中には若年性（三十五歳以下）で発症するタイプも知られています。全く影響が無いかと言えば、断言はできませんが、疫学的には放射線被曝と卵巣腫瘍の関連は知られていません。

実際、一九五〇年代に、フランクリン以上にＸ線を浴びて実験していた研究者は当たり前にいましたが、研究者コミュニティの間で特に健康問題にはなっていません。当時も安全ガイドラインはありましたが、健康問題どころか、むしろ研究者は自分の研究のブレーキになると考えがちでした（危ないですね）。

さて、フランクリンが亡くなった四年後（一九六二年）、ワトソンとクリック、ウィルキンスの三人にノーベル賞が与えられました。歴史に「もし」は意味の無いことですが、フランクリンが生きていれば、三人の受賞者の誰かと入れ替わっていただろうと考える人も少なくありません。

しかし、彼女の実力ならば、その後のウイルス研究でも、ノーベル賞を受賞したことでしょう。ちなみに、フランクリンと一緒にタバコモザイクウイルスの構造を解明したアーロン・クルーグは、一九八二年にノーベル化学賞を受賞しています。

人間ドラマの経緯はともあれ、生命の鍵を握る分子として、一躍、ＤＮＡが生物学のメインストリームに登場したのです。

ＤＮＡの暗号とクリックの失敗

ＤＮＡとタンパク質

ＤＮＡが、生物の形質を伝える物質（遺伝子の本体）と分かると、二つの疑問が思い浮かびます。それは「ＤＮＡが記録している形質とは何か？」と「ＤＮＡが形質を記録する方法」です。

そもそも遺伝子には何が記録されているのでしょうか？

答えは、タンパク質の作り方です。タンパク質は、生物の形を作り、生命を機能させる重要な分子です。特に、触媒として化学反応をコントロールするタンパク質のことを酵素といいます。生命活動とは化学反応だといっても過言ではありません。生命活動に必要な酵素の数は、分かっているだけでも数千種類に達します。そのような酵素が遺伝子に記録されているというわけです。

ちなみに、タンパク質は、アミノ酸が一列に連なった長い紐（ひも）です。タンパク質の紐は折りたたまれて、色んな形になります。その形が、タンパク質の機能を決めるのです。化学物質としてのアミノ酸は無数にありますが、生物が利用するアミノ酸は二〇種類です。たった二〇種類のアミノ酸が、全ての生物のタンパク質の元だと考えると不思議ですね。

タンパク質の構造がアミノ酸の配列で決まるのですから、アミノ酸を繋ぐ順序こそが、タンパク質の設計図です。つまり、DNAには「アミノ酸の配列」が記録されているはずです。しかし、アミノ酸は二〇種類ですが、DNAを構成する核酸塩基は、アデニン（A）、チミン（T）、グアニン（G）、シトシン（C）の四種類しかありません。いったい、どのように記録されているのでしょうか？

ガモフのアイデア

そんなのは数学的に決まっている！　と喝破（かっぱ）したのは、ジョージ・ガモフでした。ガモフは、ビッグバン宇宙論や宇宙背景放射の予言で有名な理論物理学者です。もちろんガモフは生物など専門外でしたが、ワトソンとクリックの論文を読んで二重らせん構造の美しさに感動し、アミノ酸を指定する遺伝暗号（genetic code）

の単位としてコドン（codon）を編み出したのです（一九五四年）。

ガモフのアイデアは、三つの核酸塩基で一つのアミノ酸を指定することでした。これをトリプレットコドン仮説といいます。要するに四種類の文字で二〇種類の何かを指定する数学的な条件を考えたのです。一文字では四個、二文字では一六個（四の二乗）、三文字では六四個（四の三乗）の何かに対応させることができます。

前述したように、タンパク質を構成するアミノ酸は二〇種類ですから、核酸塩基を三文字使えば全て指定できるはずです（かなり余りますが）。

ガモフのアイデアをきっかけに、世界中で遺伝暗号の解読（コドンの解明）が始まります。ＤＮＡの二重らせんを決定したクリックも例外ではありません。しかし、クリックは「二〇種類のアミノ酸を六四通りの組み合わせで指定するのは冗長すぎる。もっと上手い方法があるはずだ」と思いました。

そして「三つの核酸塩基の順序は関係ないのでは？」と閃きました。例えば、ＡＡＴとＡＴＡとＴＡＡは、どれも同じアミノ酸を表す、と考えたわけです。すると、三文字が同じ場合は四通り（ＡＡＡ、ＴＴＴ、ＣＣＣ、ＧＧＧ）、二文字が同じ場合は一二通り（ＡＴＴ、ＡＣＣ、ＡＧＧ、ＴＡＡ、ＴＣＣ、ＴＧＧ、ＧＡＡ、ＧＴ

T、GCC、CAA、CTT、CGG)、三文字全て異なる場合は四通り(ATC、TCG、ACG、ATG)です。

合計すると、上手く二〇通りになります(一九五七年)。

しかし、このアイデアは誤りでした。その後の研究で、DNAには「開始コドン」や「終止コドン」というアミノ酸を指定する以外の命令も指定されていたので、二〇通りでは足りなかったのです。

この話は、科学雑誌「ネイチャー」に掲載された、進化生物学者ジョン・メイナード=スミスのエッセイ『Too good to be true(上手すぎる話には気をつけろ)』の一節です(一九九九年)。断片的な情報で仮説を立てると間違った結果を導くという、理論系の研究者が陥りやすい過ちであり、天才クリックでも失敗することがあるという貴重な(?)エピソードですね。

不思議なＲＮＡの世界

指令書と工場

ＤＮＡが生命の暗号だとしたら、暗号を解く鍵はＲＮＡにあります。ＤＮＡからタンパク質が合成されるメカニズムにＲＮＡは重要な役割を果たしています。主役は、三種類のＲＮＡです。伝令ＲＮＡ（ｍＲＮＡ）、転移ＲＮＡ（ｔＲＮＡ）、そしてリボソームＲＮＡ（ｒＲＮＡ）。

ＲＮＡは不思議な分子で、ＤＮＡと分子の形が一カ所しか違いません。ちなみにＤＮＡのほうが化学反応しにくく（化学的に安定）、二重らせん構造を取ることも、ＤＮＡを化学的に安定させます。もう一つ、ＤＮＡは、アデニン（Ａ）、チミン（Ｔ）、グアニン（Ｇ）、シトシン（Ｃ）と核酸塩基の違いで四種類ありますが、ＲＮＡは、Ｔの代わりにウラシル（Ｕ）であることが特徴です。ＴはＵより化学的に安定していますから、ここでもＤＮＡは安定性を重視した分子ということが分かると思います。

一方、RNAは不安定ですが、様々な形で細胞内のタンパク質合成を調節しています。それでは三種類のRNAが、タンパク質を合成する様子を描写してみましょう。

最初は、mRNAです。mRNAは、必要な情報の書かれたDNA領域のコピーです。つまりタンパク質の作り方が書かれた指令書です。指令書（mRNA）は、リボソーム（rRNAとタンパク質の複合体）に運ばれます。リボソームは、タンパク質を合成する工場です。

工場（リボソーム）までアミノ酸を運んでくるのは、tRNAの役目です。tRNAは運び屋で、多くの種類があり、それぞれ決まったアミノ酸（タンパク質を構成する二〇種類）と結合しています。工場までアミノ酸を持ってきた運び屋（tRNA）は、指令書の指示通りにアミノ酸を並べます。そして、指令書に従って工場がアミノ酸を結合し、タンパク質に仕上げるのです。

mRNAは、DNAの遺伝子領域（センス鎖／例、……TTACCG……）と塩基対を形成している領域（アンチセンス鎖／……AATGGC……）を鋳型にして合成されますから、遺伝子領域のＤＮＡをＲＮＡに置換したもの（……ＵＵＡＣＣＧ……）と考えてください。つまり、ｍＲＮＡには遺伝暗号のコドン（三つの核酸塩基で一つのアミノ酸ないし指示を表す）が転写されて、連なっているわけです。

一方で、ｔＲＮＡは、ｍＲＮＡに相補的なコドン（アンチコドン）を持ち、そのコドンに対応するアミノ酸が結合しています。つまり、リボソームでは、ｍＲＮＡに沿ったｔＲＮＡを介し、遺伝暗号の順にアミノ酸が並ぶことになります。例の場合、ＵＵＡにはＡＡＵのｔＲＮＡが、ＣＣＧにはＧＧＣのｔＲＮＡが結合します。ＡＡＵのｔＲＮＡはロイシンというアミノ酸、ＧＧＣのｔＲＮＡはプロリンというアミノ酸を運んでいるので、ｒＲＮＡでは、ロイシン・プロリンという並びで結合されます。こうして何百、何千とアミノ酸が結合して、タンパク質になるのです。

より正確には、ＤＮＡに記載された情報はアミノ酸の配列だけではありません。前述した三種類のＲＮＡも、全てＤＮＡの情報に含まれています。しかも、複雑な構造を持つ生物では、もっと複雑にタンパク質の発現を制御しています。例えばｍＲＮＡは指令書と説明しましたが、工場に届く前に、指令書を編集することもありますし、指令書を破り捨ててタンパク質の合成を邪魔することもあります。指令書

◆セントラルドグマと３つのRNAの働き

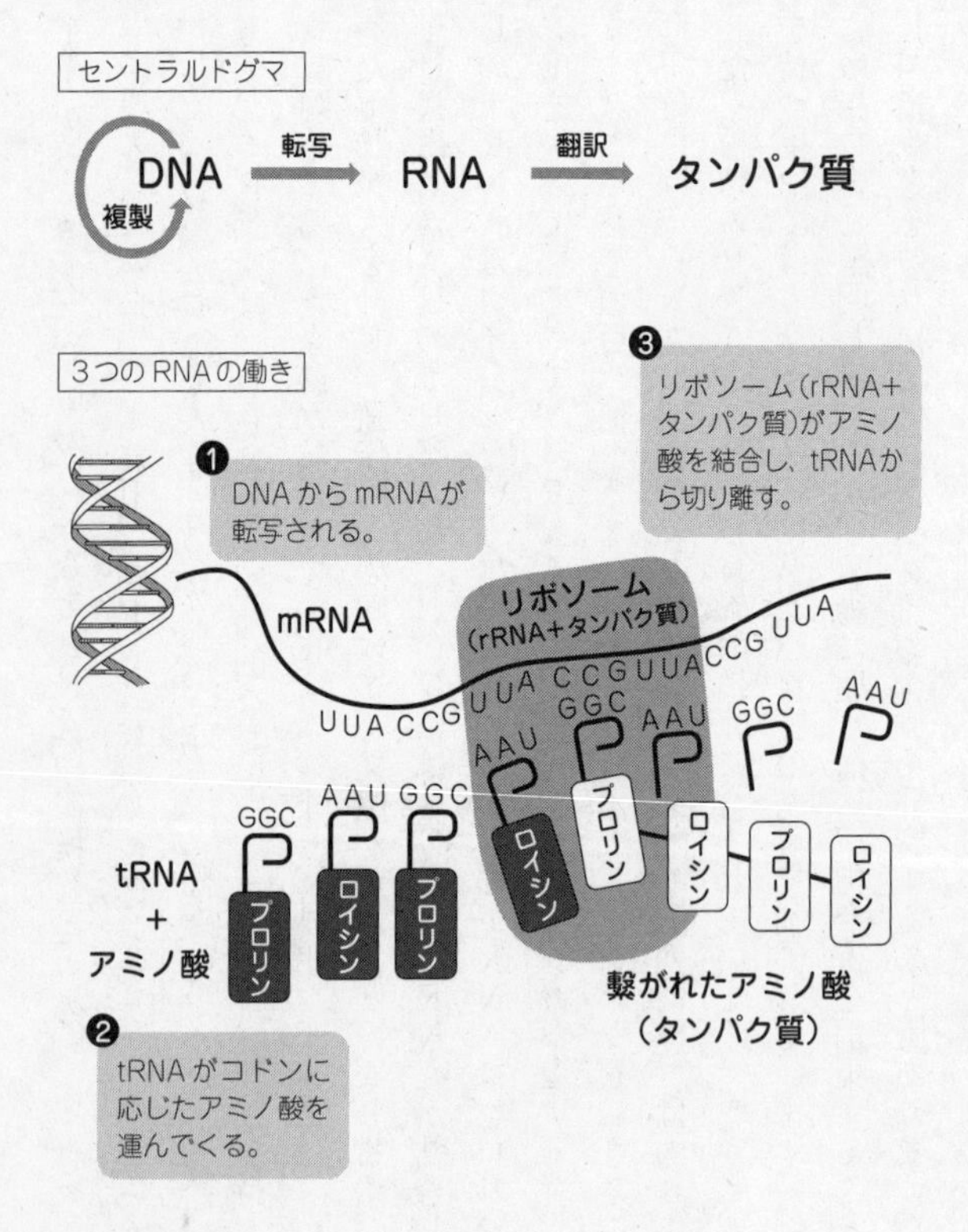

を破り捨てるのは、マイクロRNA（miRNA）という短いRNAです。

ここまで説明してきたように、「DNA」から「RNA」の働きを通じて「タンパク質」が合成される情報の流れを「セントラルドグマ」といいます（クリックたちは、これに「DNAの複製」も含めていました）。そしてDNAからmRNAが合成されることを「転写」、mRNAからリボソーム（rRNA+タンパク質）でタンパク質が合成されることを「翻訳」といいます。安定性重視のDNAが情報を保管し、RNAが縦横に働いて、情報の中身であるタンパク質が発現するのです。本当に、生命の仕組みは上手くできたものです。

文庫版おわりに

遺伝子の面白話、四年ぶりのアップデートです。日進月歩で進むと言われる、生命科学の研究。文庫化にあたって、さすがに全面改稿とはいきませんでしたが、それでも数カ所の情報は、最新のものに差し替えました。ただ、基本的な情報や構成は変えずに済み、ホッと胸をなでおろしているところです。

ここからは、文庫化にあたっての裏話です（と言うほどのものでもないのですが）。

この「文庫版おわりに」を書き進めている現在、新型コロナウイルスによるパンデミックの影響で、世界情勢が混沌としています。少なくない方々の尊い命が、このウイルス禍によって失われました。とても他人事じゃありません。亡くなられた方々に心から哀悼の意を表します。

遺伝子の視点から見ると、最初に中国の武漢で蔓延したものと、欧米で猛威を振るったものなど、三つの型があるらしいことも分かってきました。

本編にも記しましたが、期待の持てる薬の開発も進んでいますし、そう遠くない時期にワクチンも開発されるでしょう。しかしながら、焦って承認を早めたがために、副作用による薬害を引き起こしては本末転倒です。冷静に、人類の英知が結集するのを待つことにいたしましょう。今回のパンデミックから世界が学んだことは、医学的にも生物学的にも、きっと無駄にならないはずです。新たな発見や発明が、私たちの社会を豊かにしてくれる。そう期待しましょう。

文庫化にあたり、ＰＨＰ研究所の山口毅さんと葛西由香さんに大変お世話になりました。

最後まで読んでくださった読者の皆さま、本当にありがとうございました。また、どこかで、お目にかかりましょう！

二〇二〇年五月

竹内　薫・丸山篤史

参考文献

ブレンダ・マドックス／福岡伸一監訳／鹿田昌美訳『ダークレディと呼ばれて 二重らせん発見とロザリンド・フランクリンの真実』化学同人 二〇〇五年
ジェームス・D・ワトソン／江上不二夫・中村桂子訳『二重らせん』講談社 一九八六年
モーリス・ウィルキンズ／長野敬・丸山敬訳『二重らせん 第三の男』岩波書店 二〇〇五年
キャリー・マリス／福岡伸一訳『マリス博士の奇想天外な人生』早川書房 二〇〇〇年
増井徹・齋藤加代子・菅野純夫編『遺伝子診断の未来と罠』日本評論社 二〇一四年
西村尚子／石浦章一監修『ヒトの遺伝子と細胞 生命科学のキホンから新技術まで』技術評論社 二〇一四年
島田祥輔『おもしろ遺伝子の氏名と使命』オーム社 二〇一三年
中西真人編『別冊日経サイエンス 先端医療の挑戦 再生医療、感染症、がん、創薬研究』日経サイエンス社 二〇一五年
Bruce Alberts, Julian Lewis, Martin Raff, Peter Walter, Keith Roberts, Alexander

Johnson／中村桂子・松原謙一監訳／青山聖子・滋賀陽子・滝田郁子・中塚公子・羽田裕子・宮下悦子訳『細胞の分子生物学 第5版』ニュートンプレス　二〇一〇年
ゴードン・エドリン／清水信義監訳／伊藤文昭・井口義夫・大竹英樹・清水淑子・蓑島伸生訳『ヒトの遺伝学』東京化学同人　一九九二年
大石正道『図解雑学 遺伝子組み換えとクローン』ナツメ社　二〇〇一年
林崎良英『教科書ではわからない遺伝子のおもしろい話』実業之日本社　二〇〇九年
宮川剛『「こころ」は遺伝子でどこまで決まるのか パーソナルゲノム時代の脳科学』ＮＨＫ出版　二〇一一年
野島博『分子生物学の軌跡 パイオニアたちのひらめきの瞬間』化学同人　二〇〇七年
ウォルター・グラットザー／安藤喬志・井山弘幸訳『ヘウレーカ！ ひらめきの瞬間 誰も知らなかった科学者の逸話集』化学同人　二〇〇六年

この作品は、二〇一六年一月にＰＨＰエディターズ・グループより刊行されたものを、加筆・修正したものである。

著者紹介

竹内 薫（たけうち　かおる）

サイエンス作家。「科学応援団」として、テレビ、ラジオ、講演などで活躍中。主な出演番組に「サイエンスZERO」（NHK Eテレ）など。主な著作に『99・9％は仮説』（光文社新書）、『怖くて眠れなくなる科学』『面白くて眠れなくなる素粒子』（以上、ＰＨＰエディターズ・グループ）、『量子コンピューターが本当にすごい』（ＰＨＰ新書）などがある。

丸山篤史（まるやま　あつし）

1971年生まれ。大阪大学大学院医学系研究科単位満了退学。医学博士。竹内薫氏との共著に『量子コンピューターが本当にすごい』（ＰＨＰ新書）、『99.996％はスルー』（講談社ブルーバックス）などがある。

ＰＨＰ文庫　面白くて眠れなくなる遺伝子

2020年７月16日　第１版第１刷

著　者　竹内　薫
丸山篤史
発行者　後藤淳一
発行所　株式会社ＰＨＰ研究所
東京本部　〒135-8137　江東区豊洲5-6-52
ＰＨＰ文庫出版部　☎03-3520-9617(編集)
普及部　☎03-3520-9630(販売)
京都本部　〒601-8411　京都市南区西九条北ノ内町11
PHP INTERFACE　https://www.php.co.jp/

制作協力
組　版　株式会社PHPエディターズ・グループ
印刷所
製本所　図書印刷株式会社

ISBN978-4-569-90062-9

PHP文庫

面白くて眠れなくなる生物学

長谷川英祐 著

生命は驚くほどに合理的!?――「人間の脳にそっくりなアリの社会」「メス・オスに性が分かれた秘密」など、驚きのエピソードが満載!

PHP文庫

面白くて眠れなくなる人体

坂井建雄 著

鼻の孔はなぜ2つあるの? 脳そのものは、痛みを感じない? 最も身近なのに「未知の世界」である人体のふしぎを、わかりやすく解説!

PHP文庫

面白くて眠れなくなる数学

桜井 進 著

クレジットカードの会員番号の秘密、おつりを計算するテクニック、1＋1＝2って本当？ 文系の人でもよくわかる「数学」の楽しい話。

PHP文庫

面白くて眠れなくなる化学

左巻健男　著

火が消えた時、酸素はどこへ？　水を飲み過ぎるとどうなる？　不思議とドラマに満ちた「化学」の世界をやさしく解説した一冊。

PHP文庫

面白くて眠れなくなる物理

左巻健男 著

透明人間は実在できる？　空気の重さはどれくらい？　氷が手にくっつくのはなぜ？　身近な話題を入り口に楽しく物理がわかる一冊。

PHP文庫

怖くて眠れなくなる科学

竹内 薫 著

「普段着で宇宙空間に飛び出したら死因は?」「電磁波で人の行動を操れる装置」など、夜に眠れなくなる科学の〝怖い世界〟へようこそ。